普通高等教育"十四五"规划教材

HUAXUEGONGCHENG
YUGONGYISHIYAN

化学工程与工艺实验

李岩梅　周　丽　孟秀霞◎主编

中国石化出版社
·北京·

内 容 提 要

本书作为新形态教材，紧紧围绕党的二十大精神，坚持习近平新时代中国特色社会主义思想的世界观和方法论。将部分相关仪器装置的结构及使用方法以视频的形式呈现，可有效提升学习效果。全书共分为11章，第1~3章是化工实验的通用知识和技能，第4~11章分别介绍了热力学实验、反应工程实验、分离工程实验、化工工艺实验、化工设备机械基础实验、化工仪表自动化控制实验、高分子物理实验及化工创新性实验。

本书既可作为化工大类各专业本科生的实验教材，也可作为相关研究院所、企业员工的培训和参考用书。

图书在版编目(CIP)数据

化学工程与工艺实验/李岩梅，周丽，孟秀霞主编．—北京：
中国石化出版社，2024.1
普通高等教育"十四五"规划教材
ISBN 978 - 7 - 5114 - 7228 - 1

Ⅰ.①化…　Ⅱ.①李…②周…③孟…　Ⅲ.①化学工程 -
化学实验 - 高等学校 - 教材　Ⅳ.①TQ016

中国国家版本馆 CIP 数据核字(2024)第 012163 号

中国石化出版社出版发行

地址：北京市东城区安定门外大街 58 号
邮编：100011　电话：(010)57512500
发行部电话：(010)57512575
http://www.sinopec-press.com
E-mail：press@ sinopec.com
北京科信印刷有限公司印刷
全国各地新华书店经销
*
787 毫米×1092 毫米 16 开本 13 印张 310 千字
2024 年 3 月第 1 版　2024 年 3 月第 1 次印刷
定价：48.00 元

《化学工程与工艺实验》编写委员会

主　编：李岩梅　周　丽　孟秀霞

编　委（以姓氏拼音为序）：

陈琳琳　黄耀国　孟　兴　裴洪昌

秦宏云　宋　健　徐　振　杨腾飞

张　雷　张　远　赵蓉蓉　左村村

前　言

党的二十大的召开，中国共产党带领全国各族人民全面建成社会主义现代化强国的坚决决心鼓舞着每个社会主义的建设者，在学习中提升政治思想是心之所向。在工程教育专业认证及新工科教育背景下，如何提升学生解决复杂工程问题的能力成为教学改革需要解决的关键问题之一。因此，教学团队"以学生为中心"，结合人才培养定位和专业毕业要求，对化工实践类课程体系的实验项目进行了优化，构建了分层递进、虚实结合、线上和线下融合的教学体系和模式；同时，凝结多年实践教学经验，编写了《化学工程与工艺实验》教材，有效促进了学生在家国情怀、基本实验技能、大型仪器使用、实验过程分析、设计实验、探索研究、团队协作及社会责任等方面毕业要求的达成。

本教材坚持落实党的二十大精神，结合新时代的伟大变革，用新的世界观和方法论融会贯通。内容涵盖了化学反应工程、化工分离工程、化工热力学、自动化控制仪表、化工设备机械基础、化工工艺学、高分子物理等科目，构建了完整的知识体系。实验项目学科高度与融合，教学环节设计助力提升学生动手实践、数据采集分析、设计实验、改进实验方案及创新的能力。实验室安全及"三废"处理等知识内容，既是知识教育，又是规则教育，还是劳动保障，践行了习近平总书记"绿水青山就是金山银山"的可持续发展理念。实验过程所蕴含的遵守劳动纪律、团队协作、承担责任等职业素养元素，以及专业知识、工程技能等方面共同提升了职业顺利发展的综合品质。

　　实验项目包含了基础训练型、综合设计型及探索创新型，类型的分层递进与知识学习、能力提升规律相吻合，由简单到复杂、由单一到综合，逐步提升了学生基本操作能力、初步综合设计能力和探索创新能力。探索创新型实验项目高度与学科融合，提升了运用知识解决复杂工程问题的能力，达到了课程的高阶性、创新性和挑战性目标。

　　参加本书编写的团队成员具有多年从事化工专业教学的经验。此外，部分实验项目的动画视频得到了莱帕克（北京）科技公司的支持与帮助，在此一并表示衷心的感谢！

　　由于编者学识有限，书中恐有疏漏之处，敬请专家和读者批评指正。

目　　录

第1章　实验的误差分析与数据处理 …………………………………………（ 1 ）

1.1　实验误差分析 ………………………………………………………（ 1 ）

1.2　实验数据的处理 ……………………………………………………（ 8 ）

第2章　实验室测量技术 …………………………………………………（ 14 ）

2.1　温度测量 ……………………………………………………………（ 14 ）

2.2　压力测量 ……………………………………………………………（ 23 ）

2.3　流量测量 ……………………………………………………………（ 28 ）

第3章　实验室安全知识 …………………………………………………（ 40 ）

3.1　实验室常用危险品及安全操作 ……………………………………（ 40 ）

3.2　防燃、防爆的措施 …………………………………………………（ 41 ）

3.3　消防措施 ……………………………………………………………（ 43 ）

3.4　有毒物质的基本预防措施 …………………………………………（ 44 ）

3.5　安全用电常识 ………………………………………………………（ 45 ）

3.6　高压容器安全技术 …………………………………………………（ 46 ）

第4章　热力学实验 ………………………………………………………（ 49 ）

实验一　二氧化碳 $p-V-T$ 关系测定及临界状态观测实验 …………（ 49 ）

实验二　二元系统气液平衡数据测定实验 ……………………………（ 56 ）

实验三　三元液液平衡数据测定实验 …………………………………（ 60 ）

第5章　反应工程实验 ……………………………………………………（ 67 ）

实验一　单釜/多釜串联混合性能测定实验 …………………………（ 67 ）

实验二　连续均相管式循环反应器中的返混实验 ……………………（ 74 ）

实验三　固体小球对流传热系数的测定 ………………………………（ 78 ）

实验四　内循环无梯度反应器中宏观动力学数据测定实验 …………（ 83 ）

第6章　分离工程实验 ……………………………………………………（ 89 ）

实验一　液-液转盘萃取实验 …………………………………………（ 89 ）

实验二　污水的活性炭吸附实验 ………………………………………（ 93 ）

第7章　化工工艺实验 ……………………………………………………………（96）

　　实验一　液液传质系数的测定 …………………………………………………（96）

　　实验二　催化反应精馏制乙酸乙酯 ……………………………………………（101）

　　实验三　填料塔分离性能的测定 ………………………………………………（103）

第8章　化工设备机械基础实验 …………………………………………………（108）

　　实验一　低碳钢、铸铁材料的拉伸实验 ………………………………………（108）

　　实验二　低碳钢、铸铁材料的压缩实验 ………………………………………（119）

　　实验三　低碳钢、铸铁材料的扭转实验 ………………………………………（126）

　　实验四　纯弯曲梁正应力及弯扭组合主应力电测实验 ………………………（134）

第9章　化工仪表自动化控制实验 ………………………………………………（145）

　　实验一　液位控制系统中PID控制器参数的工程整定实验 …………………（145）

　　实验二　流量简单控制系统中PID控制器参数的工程整定实验 ……………（148）

第10章　高分子物理实验 …………………………………………………………（151）

　　实验一　乌氏黏度计测定聚合物的分子量实验 ………………………………（151）

　　实验二　高分子材料的挤出成型实验 …………………………………………（153）

　　实验三　偏光显微镜法观测聚合物的球晶生长 ………………………………（155）

　　实验四　熔融指数的测定 ………………………………………………………（157）

　　实验五　聚合物材料的维卡软化点测定 ………………………………………（160）

　　实验六　聚合物材料拉伸性能测定实验 ………………………………………（163）

　　实验七　聚合物弯曲性能测试实验 ……………………………………………（166）

　　实验八　玻璃化转变温度的测定 ………………………………………………（168）

　　实验九　热膨胀系数的测定 ……………………………………………………（171）

第11章　化工创新性实验 …………………………………………………………（174）

　　实验一　催化剂内扩散有效因子测定实验 ……………………………………（174）

　　实验二　多功能反应实验 ………………………………………………………（184）

附录一　单位换算表 ………………………………………………………………（193）

附录二　常用液体密度表 …………………………………………………………（198）

附录三　水的物理性质 ……………………………………………………………（199）

第1章 实验的误差分析与数据处理

1.1 实验误差分析

由于实验方法和实验设备的不完善、周围环境的影响，以及人的观察力、测量程序限制等，实验观察值和真值之间总是存在一定的差异，在数值上即表现为误差。为提高实验的精度，缩小实验观测值与真值之间的差值，需要对实验的误差进行分析和讨论。

1.1.1 误差的基本概念

1. 真值与平均值

真值是一个理想的概念，一般是不可能观测到的。但是若对某一物理量经过无限多次的测量，出现误差有正有负，而正负误差出现的概率是相同的。因此，在不存在系统误差的前提下，它们的平均值就相当接近于物理量的真值。所以实验科学中定义：无限多次的观测值的平均值为真值。由于实验工作中观测的次数总是有限的，这些有限的观测值的平均值，只能近似于真值，故称这个平均值为最佳值。化工中常用的平均值如下。

算术平均值：

$$x_m = \frac{x_1 + x_2 + \cdots + x_n}{n} = \frac{\sum_{i=1}^{n} x_i}{n} \tag{1-1}$$

均方根平均值：

$$x_s = \left(\frac{x_1^2 + x_2^2 + \cdots + x_n^2}{n}\right)^{\frac{1}{2}} = \sqrt{\frac{\sum_{i=1}^{n} x_i^2}{n}} \tag{1-2}$$

几何平均值：

$$x_c = (x_1 \cdot x_2 \cdots x_n)^{\frac{1}{n}} = \left(\prod_{i=1}^{n} x_i\right)^{\frac{1}{n}} \tag{1-3}$$

计算平均值方法的选择，取决于一组观测值的分布类型。在一般情况下，观测值的分布属于正态类型，即正态分布。因此，算术平均值作为最佳值使用最为普遍。

2. 误差表示法

某测量点的误差通常由以下三种形式表示：

（1）绝对误差

某量的观测值与真值的差称为绝对误差，通称误差。但在实际工作中，以平均值（即最佳值)代替真值,把观测值与最佳值之差称为剩余误差,但习惯上称为绝对误差。

(2)相对误差

为比较不同被测量的测量精度,引入了相对误差。

$$相对误差 = \frac{绝对误差}{真值} \times 100\%$$

(3)引用误差

引用误差(相对示值误差)是指一种简化和实用方便的仪器仪表指示值的相对误差,它是以仪器仪表的满刻度示值为分母,某一刻度点示值误差为分子,所得比值的百分数。仪器仪表的精度用此误差来表示。比如1级精度仪表,即为:

$$\frac{量程内最大示值误差}{满量程示值} \times 100\%$$

在化工领域中,通常用算术平均误差和标准误差来表示测量数据的误差。

(4)算术平均误差

$$\delta = \frac{\sum_{i=1}^{n} |X_i - X_m|}{n} \tag{1-4}$$

(5)标准误差

标准误差称为标准差或均方根误差。当测量次数为无穷时,其定义为:

$$\sigma = \sqrt{\left(\frac{\sum_{i=1}^{n} (X_i - X_n)^2}{n} \right)} \tag{1-5}$$

当测量次数为有限时,常用式(1-6)表示:

$$\delta = \sqrt{\left(\frac{\sum_{i=1}^{n} (X_i - X_m)^2}{n-1} \right)} \tag{1-6}$$

式中 n——观测次数;

X_i——第 i 次的测量值;

X_m——m 次测量值的算术平均值。

标准误差的大小说明,在一定条件下等精度测量的数据中每个观测值对其算术平均值的分散程度。如果测量的数值小,该测量列数据中相应小的误差占优势,任一单次观测值对其算术平均值的分散程度就小,测量的精度高;反之,精度就低。

3. 误差的分类

(1)系统误差

系统误差是指在同一条件下,多次测量同一量时,误差的数值和符号保持恒定,或在条件改变时,按某一确定的规律变化的误差。系统误差的大小反映了实验数据准确度的高低。

产生系统误差的原因:①仪器不良,如刻度不准,仪表未经校正或标准表本身存在偏差等；②周围环境的改变，如外界温度、压力、风速等；③实验人员个人的习惯和偏向，如读数的偏高或偏低等引入的误差。系统误差可针对上述诸原因分别改进仪器和实验装置以及提高实验技巧予以清除。

(2)随机误差(或称偶然误差)

在已经消除系统误差的前提下，随机误差是指在相同条件下测量同一量时，误差的绝对值时大时小，其符号时正时负，没有确定规律的误差。随机误差的大小反映了精密程度的高低。这类误差产生的原因无法预测，因而无法控制和补偿。但是倘若对某一量值做足够多次数的等精度测量时，发现随机误差完全服从统计规律，误差的大小和正负的出现完全由概率决定。因此，随着测量次数增加，随机误差的算术平均值必趋近于0。所以，多次测量结果的算术平均值将更接近于真值。

(3)过失误差(或称粗大误差)

过失误差是一种显然与事实不符的误差，它主要是由于实验人员粗心大意如读错数据或操作失误等所致。存在过失误差的观测值在实验数据整理时必须剔除，因此测量或实验时只要认真负责是可以避免这类误差的。

显然，实测数据的精确程度是由系统误差和随机误差的大小决定的。系统误差越小，测到数据的精确度越高；随机误差越小，测到数据的精确度越高。所以要使实测数据的精确度提高就必须满足系统误差和随机误差均很小的条件。

1.1.2　误差的基本性质

实测数据的可靠程度如何？又怎样提高它们的可靠性？这些都要求我们应了解在给定条件下误差的基本性质和变化规律。

1. 偶然(随机)误差的正态分布

如果测量数列中不包含系统误差和过失误差，从大量的实验中发现偶然误差具有如下特点：

(1)绝对值相等的正误差和负误差，其出现的概率相同；

(2)绝对值很大的误差出现的概率趋近于0，也就是误差值有一定的实际极限；

(3)绝对值小的误差出现的概率大，而绝对值大的误差出现的概率小；

(4)当测量次数 $n \rightarrow \infty$ 时，误差的算术平均值趋近于0，这是正负误差相互抵消的结果，说明在测定次数无限多时，算术平均值等于测定量的真值。

偶然误差的分布规律，在经过大量的测量数据的分析后可知，它是服从正态分布的，其误差函数 $f(x)$ 表达式为：

$$y = f(x) = \frac{h}{\sqrt{\pi}} \mathrm{e}^{-h^2 x^2} \qquad (1-7)$$

或者：

$$y = f(x) = \frac{1}{\sigma \sqrt{2\pi}} \mathrm{e}^{-\frac{x^2}{2\sigma^2}} \qquad (1-8)$$

式中　　$h = \dfrac{1}{\sigma\sqrt{2}}$——精密指数；

　　　　　x——测量值与真实值之差；

　　　　　σ——均方误差。

式(1-8)称为高斯误差分布定律。根据此方程所给出的曲线则称为误差分布曲线或高斯正态分布曲线，如图1-1所示。

由式(1-8)可见，数据的均方误差σ越小，e指数的绝对值越大，y减小就越快，曲线下降也更急，而在$x=0$处的y值也就越大；反之，σ越大，曲线下降越缓慢，而在$x=0$处的y值也越小。如图1-2所示，对三种不同的σ值给出了偶然误差的分布曲线。

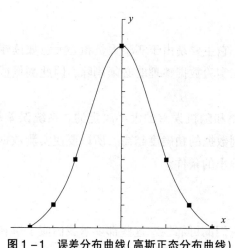

图1-1　误差分布曲线(高斯正态分布曲线)

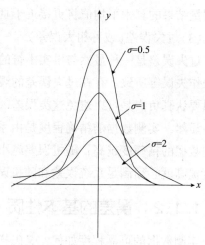

图1-2　不同σ值时的误差分布曲线

综上可知，σ值越小，小的偶然误差出现的次数越多，测定精度也越高。当σ值越大时，经常碰到大的偶然误差，也就是说，测定的精度也越差。因而实测到数据的均方误差，完全能够表达出测定数据的精确度，即表征测定结果的可靠程度。

2. 可疑的实验观测值的舍弃

由概率积分可知，偶然误差正态分布曲线下的全部面积，相当于全部误差同时出现的概率，即：

$$P = \frac{1}{\sqrt{2\pi}\sigma}\int_{-x}^{x} e^{-\frac{x^2}{2\sigma^2}}dx = 1 \tag{1-9}$$

若随机误差在$-\sigma \sim +\sigma$范围内，概率则为：

$$P(|x| < \sigma) = \frac{1}{\sqrt{2\pi}\sigma}\int_{-\sigma}^{\sigma} e^{-\frac{x^2}{2\sigma^2}}dx = \frac{2}{\sqrt{2\pi}\sigma}\int_{0}^{\sigma} e^{-\frac{x^2}{2\sigma^2}}dx = 1 \tag{1-10}$$

令$t = \dfrac{x}{\sigma}$，则$x = t\sigma$

所以　　　　　　　$$P(|x| < \sigma) = \frac{2}{\sqrt{2\pi}}\int_{0}^{t} e^{-\frac{t^2}{2}}dt = 2\phi(t) \tag{1-11}$$

即误差在 $\pm t\sigma$ 的范围内出现的概率为 $2\phi(t)$，而超出这个范围的概率则为 $1-2\phi(t)$。

概率函数 $\phi(t)$ 与 t 的对应值在数学手册或专著中均附有此类积分表，现给出几个典型的 t 值及其相应的超出 $|x|$ 或不超出 $|x|$ 的概率，见表 1-1。

表 1-1　t 值及相应的概率

t	$\mid x \mid < t\sigma$	不超出 $\mid x \mid$ 的概率 $2\phi(t)$	超出 $\mid x \mid$ 的概率 $1-2\phi(t)$	测量次数 n	超出 $\mid x \mid$ 的测量次数 n
0.67	0.67σ	0.4972	0.5028	2	1
1	σ	0.6226	0.3174	3	1
2	2σ	0.9544	0.0456	22	1
3	3σ	0.9973	0.0027	370	1
4	4σ	0.9999	0.0001	15626	1

由表 1-1 可知，当 $t=3$，$|x|=3\sigma$ 时，在 370 次观测中只有一次绝对误差超出 3σ 范围，由于在测量中次数不过几次或几十次，因而可以认为 $|x|>3\sigma$ 的误差是不会发生的，通常把这个误差称为单次测量的极限误差，这也称为 3σ 规则。由此认为，$|x|=3\sigma$ 的误差已不属于偶然误差，这可能是过失误差或实验条件变化未被发觉引起的，所以这样的数据点经分析和误差计算后予以舍弃。

3. 函数误差

上述讨论主要是直接测量的误差计算问题，但在许多场合下，往往涉及间接测量的变量，间接测量是通过直接测量与被测的量之间有一定函数关系的其他量，并根据函数关系计算出被测量，如流体、流速等测量变量。因此，间接测量是直接测量得到的各测量值的函数。其测量误差是各原函数。

(1) 函数误差的一般形式

在间接测量中，一般为多元函数，而多元函数可用式(1-12)表示：

$$y = f(x_1, x_2, x_3, \cdots, x_n) \tag{1-12}$$

式中　y——间接测量值；

x——直接测量值。

由泰勒级数展开得：

$$\Delta y = \frac{\partial f}{\partial x_1} \cdot \Delta x_1 + \frac{\partial f}{\partial x_2} \cdot \Delta x_2 + \cdots + \frac{\partial f}{\partial x_n} \cdot \Delta x_n \tag{1-13}$$

或

$$\Delta y = \sum_{i=1}^{n} \frac{\partial f}{\partial x_i} \cdot \Delta x_i \tag{1-14}$$

它的极限误差为：

$$\Delta y = \sum_{i=1}^{n} \left| \frac{\partial f}{\partial x_i} \cdot \Delta x_i \right| \tag{1-15}$$

式中 $\dfrac{\partial f}{\partial x_i}$ ——误差传递系数；

Δx ——直接测量值的误差；

Δy ——间接测量值的极限误差(函数极限误差)。

由误差的基本性质和标准误差的定义，得函数的标准误差：

$$\sigma = \left[\sum_{i=1}^{n} \left(\frac{\partial f}{\partial x_i} \right)^2 \sigma_i^2 \right]^{\frac{1}{2}} \tag{1-16}$$

式中 σ_i ——直接测量值的标准误差。

(2)某些函数误差的计算

1)设函数 $Y = X \pm Z$，变量 X、Z 的标准误差分别为 σ_x、σ_z。

由于误差的传递系数 $\dfrac{\partial y}{\partial x} = 1$，$\dfrac{\partial y}{\partial z} = \pm 1$，则：

函数极限误差 $\qquad\qquad \Delta y = |\Delta x| + |\Delta z| \tag{1-17}$

函数标准误差 $\qquad\qquad \sigma_y = (\sigma_x^2 + \sigma_z^2)^{\frac{1}{2}} \tag{1-18}$

2)设 $y = k\dfrac{x \cdot z}{w}$，变量 x、z、w 的标准误差为 σ_x、σ_y、σ_w。

由于误差传递系数分别为：

$$\frac{\partial y}{\partial x} = \frac{kz}{w} = \frac{y}{x}$$

$$\frac{\partial y}{\partial z} = \frac{kx}{w} = \frac{y}{w}$$

$$\frac{\partial y}{\partial w} = -\frac{kxz}{w^2} = -\frac{y}{w}$$

则函数的相对误差为：

$$\Delta y = |\Delta x| + |\Delta z| + |\Delta w| \tag{1-19}$$

函数的标准误差为：

$$\sigma_y = k\left[\left(\frac{z}{w}\right)^2 \sigma_x^2 + \left(\frac{x}{w}\right)^2 \sigma_z^2 + \left(\frac{x}{w^2}\right)^2 \sigma_w^2 \right]^{\frac{1}{2}} \tag{1-20}$$

3)设函数 $y = a + bx^n$，变量 x 的标准误差为 σ_x，a、b、n 为常数。

由于误差传递系数为：

$$\frac{\mathrm{d}y}{\mathrm{d}x} = nbx^{n-1}$$

则函数的误差为：

$$\Delta y = |nbx^{n-1}\Delta x| \tag{1-21}$$

函数的标准误差为：

$$\sigma_y = nbx^{n-1}\sigma_x \tag{1-22}$$

4）设函数 $y = k + n\ln x$，变量 x 的标准误差为 σ_x，k、n 为常数。

由于误差传递系数为：

$$\Delta y = \left| \frac{n}{x} \cdot \Delta x \right| \tag{1-23}$$

函数的标准误差为：

$$\sigma_y = \frac{n}{x}\sigma_x \tag{1-24}$$

5）算术平均值的误差。

由算术平均值的定义可知：

$$M_m = \frac{M_1 + M_2 + \cdots + M_n}{n}$$

其误差传递系数为：

$$\frac{\partial M_m}{\partial M_i} = \frac{1}{n} \quad i = 1, 2, \cdots, n$$

则算术平均值的误差：

$$\Delta M_m = \frac{\sum\limits_{i=1}^{n} |\Delta M_i|}{n} \tag{1-25}$$

算术平均值的标准误差：

$$\sigma_m = \left(\frac{1}{n^2} \sum_{i=1}^{n} \sigma_i^2 \right)^{\frac{1}{2}} \tag{1-26}$$

当 M_1，M_2，$\cdots$，M_n 是同组等精度测量值，它们的标准误差相同，并等于 σ。所以

$$\sigma_m = \frac{\sigma}{\sqrt{n}} \tag{1-27}$$

除上述讨论由已知各变量的误差或标准误差计算函数误差外，还可应用于实验装置的设计和改进。在实验装置设计时，如何选择仪表精度，即由预先给定的函数误差（实验装置允许的误差）求取各测量值（直接测量）所允许的最大误差。但由于直接测量的变量不是一个，在数学上则是不定解。为获得唯一解，假定各变量的误差对函数的影响相同，这种设计的原则称为等效应原则或等传递原则，即：

$$\sigma_y = \sqrt{n} \left(\frac{\partial f}{\partial x_i} \right) \sigma_i \tag{1-28}$$

或

$$\sigma_i = \frac{\sigma_y}{\sqrt{n} \left(\dfrac{\partial f}{\partial x_i} \right)} \tag{1-29}$$

1.2　实验数据的处理

1.2.1　有效数字的处理

1. 有效数字及其表示方法

有效数字是指一个位数中除最末一位数为欠准或不确定外，其余各位数都是准确知道的，这个数据有几位数，即这个数据有几位有效数字。

有效数字反映一个数的大小，又表示在测量或计算中能够准确地量出或读出的数字，因此它与测量仪表的精确度有关，在有效数字中只许可包含一位估计数字（末位为估计数字），而不能包含二位估计数字。例如，分度值为1℃的温度计，读数24.5℃，则3个数字都是有效数字（其中末位是许可估计数），而记为25℃或24.47℃都是不正确的。对于精度为1/10℃的温度计，室温20.36℃的有效数字是四位，其中第四位是估计值。51.1g和0.0515g都是三位有效数字，1500m代表四位有效数字，而1.5×10^4则只代表两位有效数字，若写成1.500×10^4表示四位有效数字，这时1.500中的"0"不能省去，表示这个数值与实际值只相差不过10m。

2. 有效数字的运算规则

（1）记录、测量只准保留一位估计数字。

（2）当有效数字确定后，其余数字一律弃去，舍弃的办法是四舍五入，偶舍奇入。即末位有效数字后面第一位大于5则在前一位上加上1，小于5就舍去，若等于5时，前一位是奇数就增加1，如前一位是偶数则舍去。例如，有效数字是三位时，12.36应为12.4；12.34应为12.3；而12.35应为12.4；但12.45就应为12.4，而不是12.5。

（3）加减法规则。

以计算流体的进、出口温度之和、之差为例，若测得流体进出口温度分别为17.1℃和62.35℃，则：

温度和	温度差
62.35	62.35
17.1	17.1
79.45	45.25

由于运算结果具有二位存疑值，它和有效数字的概念（每个有效数字只能有一位存疑值）不符，故第二位存疑数应作四舍五入加以抛弃。所以两者的结果为温度和等于79.4℃和温度差等于45.2℃。

从上面例子可以看出，为保证间接测量值的精度，实验装置中选取仪器时，其精度要一致，否则系统精度将受到精度低的仪器仪表的限制。

（4）乘除法运算。

两个量相乘（或相除）的积（或商），与其有效数字位数量少的相同。

（5）乘方、开方后的有效数字位数与其底数相同。

（6）对数运算。

对数的有效数字位数应与其真数相同。

1.2.2 实验结果的数据处理

实验数据的初步整理是列表，可分为数据记录表与结果计算表两种，它们是一种专门的表格。实验原始数据记录表是根据实验内容而设计的，必须在实验正式开始前列出表格。在实验过程中完成一组实验数据的测试，必须及时将有关数据记录在表内。当实验完成时得到一张完整的原始数据记录表。切忌在实验完成后，重新整理成原始数据记录，这种方法既费时又易造成差错。同时，在相同条件下的重复实验也应列入表内。

拟制实验表时，应该注意以下事项：

（1）列表的表头要列出变量名称、单位的因次。单位不宜混在数字中，以致分辨不清。

（2）数字记录要注意有效位数，要与实验准确度相匹配。

（3）数据较大或较小时用浮点数表示，阶数部分（即 $^{\pm n}$）应记录在表头。

（4）列表的标题要清楚、醒目、能恰当说明问题。

1. 图形法

实验数据在一定坐标纸上绘成图形，其优点是简单直观，便于比较，容易看出数据间的联系及变化规律，查找方便。下面对有关问题进行介绍。

（1）坐标的选择

化工通常的坐标有直角坐标、对数坐标和半对数坐标。根据预测的函数形式选择不同形式。通常总希望图形能呈直线，以便用方程表示，因此一般线性函数采用直角坐标，幂函数采用对数坐标，指数函数采用半对数坐标。

（2）坐标的分度

习惯上横坐标表示自变量 x，纵坐标表示因变量 y，坐标分度是指 x、y 轴每条坐标所代表数值的大小，它以便于阅读、使用、绘图及能真实反映因变关系为原则。

1）为尽量利用图面，分度值不一定自 0 开始，可以用变量的最小值整数值作为坐标起点，而高于最大值的某一整数值为坐标的终点。

2）坐标的分度不应过细或过粗，应与实验数据的精度相匹配，一般最小的分度值为实验数据的有效数字最后第二位，即有效数字最末位在坐标上刚好是估计值。

3）当标绘的图线为曲线时，其主要的曲线斜率应以接近 1 为宜。

（3）坐标分度值的标记

在坐标纸上应将主坐标分度值标出，标记时所有有效数字位数应与原始数据的有效数字相同，另外每个坐标轴必须注明名称、单位和坐标方向。

（4）数据描点

数据描点是将实验数据点画到坐标纸上，若在同一图上表示不同组的数据，应以不同的符号（如 × △ □ ○ 等）加以区别。

（5）绘制曲线

绘制曲线应遵循以下原则：

1）曲线应光滑均整，尽量不存在转折点，必要时也可以有少数转折点。

2）曲线经过之处应尽量与所有点相接近。

3）曲线不必通过图上各点及两端任一点。一般两端点的精度较差，作图时不能作为主要依据。

4）曲线一般不应具有含糊不清的不连续点或其他奇异点。

5）若将所有点分为几组绘制曲线时，则在每一组内位于曲线一侧的点数应与另一侧的点数近似相等。

2. 方程法

在化工原理实验中，经常将获得的实验数据或所绘制的图形整理成方程式或经验关联式表示，以描述过程和现象及其变量间的函数关系。凡是自变量与因变量呈线性关系或允许进行线性化处理的场合，方程中的常数项均可用图解法求得。把实验点标成直线图形，求得该直线的斜率 m 和截距 b，可得到直线的方程表达式：

$$y = b + mx$$

（1）直角坐标

直线的斜率可由图中直角三角形 $\Delta y / \Delta x$ 之比值求得，即：

$$m = \Delta y / \Delta x \tag{1-30}$$

也可选取直线上两点，用式（1-31）计算：

$$m = \frac{y_2 - y_1}{x_2 - x_1} \tag{1-31}$$

直线的截距 b 可以直接从图上读得，当 b 不易从图上读得时可用式（1-32）计算：

$$b = (y_1 x_2 - y_2 x_1) / (x_2 - x_1) \tag{1-32}$$

（2）双对数坐标

对于幂函数方程 $y = bx^m$ 在双对数坐标表示为一直线：

$$\ln y = \ln b + m \lg x \tag{1-33}$$

令 $Y = \lg y$，$B = \lg b$，$X = \lg x$ 则式（1-33）改写成：

$$Y = B + mX \tag{1-34}$$

式（1-34）表示若对原式 x、y 取对数，而将 $Y = \lg y$ 对 $X = \lg x$ 在直角坐标上可得一条直线，直线的斜率为：

$$m = \Delta y / \Delta x = (Y_2 - Y_1)/(X_2 - X_1) = (\lg y_2 - \lg y_1)/(\lg x_2 - \lg x_1) \tag{1-35}$$

为避免将每个数据都换算成对数值，可以将坐标的分度值按对数绘制（双对数坐标），将实验 x、y 标于图上，则与先取对数再标绘笛卡尔直角坐标上所得结果是完全相同的。

工程上均采用双对数坐标，把原数据直接标在坐标纸上。

坐标的原点为 $x = 1$，$y = 1$，而不是 0。因为 $\lg 1 = 0$，当 $x = 1$ 时（$X = \lg 1 = 0$），$Y = B = \lg b$，因此 $x = 1$ 的纵坐标上读数 y 就是 b。

　　b 值亦可用计算方法求出，即在直线上任取一组 (x, y) 数据，代入 $y = bx^m$ 方程中，用已求得的 m 值代入即可算出 b 值。

（3）单对数坐标

单对数坐标是用于指数方程：

$$y = ae^{bx} \tag{1-36}$$

对式 (1-36) 两边取自然对数得：

$$\ln y = \ln a + bx \tag{1-37}$$

即：

$$\lg y = \lg a + (b/2.3)x \tag{1-38}$$

令 $Y = \lg y$，$A = \lg a$，$B = b/2.3$

则式 (1-38) 改写成 $Y = A + BX$，此式在单对数坐标上也是一条直线。

（4）$y = a/x$ 在直线坐标上为双曲函数，若以 $y \sim x^{-1}$ 作图形，在直角坐标上就为线性关系。

3. 用最小二乘法拟合曲线

（1）什么是最小二乘法

在化工实验中经常需要将试验获得的一组数据 (x_i, y_i) 拟合成一条曲线，并最终拟合成经验公式表示。在拟合中并不要求曲线经过所有的实验点，只要求对于给定的实验点其误差 $\delta_i = y_i - f(x_i)$ 按某一标准为最小。若规定最好的曲线是各点同曲线的偏差平方和为最小，这种方法称为最小二乘法。实验点与曲线的偏差平方和为：

$$\sum_{i=1}^{n} \delta_i^2 = \sum \left\{ \left[y_i - f(x_i) \right] \right\}^2 \tag{1-39}$$

（2）最小二乘法的应用

在工程中一般希望拟合曲线成线性函数关系，因为线性关系最为简单。下面介绍当函数关系为线性时，用最小二乘法求式中的常数项。

假设有一组实验数据 (x_i, y_i)（$i = 1, 2, \cdots, n$，且此 n 个点落在一条直线附近。因此，数学模型为：

$$f(x) = b + mx \tag{1-40}$$

实验点与曲线的偏差平方和为：

$$\begin{aligned}
\sum_{i=1}^{n} \delta_i^2 &= \sum \left\{ \left[y_i - f(x_i) \right] \right\}^2 \\
&= \left[y_1 - (b + mx_1) \right]^2 + \left[y_2 - (b + mx_2) \right]^2 + \cdots \\
&\quad + \left[y_n - (b + mx_n) \right]^2
\end{aligned} \tag{1-41}$$

令 $Q = \sum_{i=1}^{n} \delta_i^2$

所以　　$Q = \left[y_1 - (b + mx_1) \right]^2 + \left[y_2 - (b + mx_2) \right]^2 + \cdots + \left[y_n - (b + mx_n) \right]^2 \tag{1-42}$

根据最小二乘法原理，满足偏差平方和为最小的条件必须是：

$\dfrac{\partial Q}{\partial b} = 0$ 与 $\dfrac{\partial Q}{\partial m} = 0$，即：

$$\frac{\partial Q}{\partial b} = -2 \left[y_1 - (b + mx_1) \right] - 2 \left[y_2 - (b + mx_2) \right] - \cdots - 2 \left[y_n - (b + mx_n) \right] = 0$$

整理得：

$$\sum y_1 - nb - m \sum x_i = 0 \qquad\qquad (1-43)$$

同理：$\dfrac{\partial Q}{\partial m} = 0$

$$\frac{\partial Q}{\partial m} = -2x_1(y_1 - b - mx_1) - 2x_2(y_2 - b - mx_2) - \cdots - 2x_n(y_n - b - mx_n) = 0$$

整理得：

$$\sum x_i y_i - b \sum x_i - m \sum (x_i^2) = 0 \qquad\qquad (1-44)$$

由式(1-43)得：

$$b = \frac{\sum y_i - m \sum x_i}{n} = \bar{y} - m\bar{x} \qquad\qquad (1-45)$$

将式(1-45)代入式(1-44)解得：

$$m = \frac{\sum y_i \sum x_i - n \sum x_i y_i}{\left(\sum x_i\right)^2 - n \sum x_i^2} \qquad\qquad (1-46)$$

相关系数 r 为：

$$r = \frac{\sum (x_i - \bar{x})(y_i - \bar{y})}{\sqrt{\sum (x_i - \bar{x})^2 \sum (y_i - \bar{y})^2}} \qquad\qquad (1-47)$$

相关系数是用来衡量两个变量线性关系密切程度的一个数量性指标。r 的绝对值总小于1，即 $0 \leqslant |r| \leqslant 1$。

[例题1-1]已知一组实验数据如下，求它的拟合曲线。

X_i	1	2	3	4	5
Y_i	4	4.5	6	8	8.5

解：根据所给数据在坐标纸上标出，由下图可见实验点可拟合成一条直线，拟合方程为：$f(X) = b + mX$。

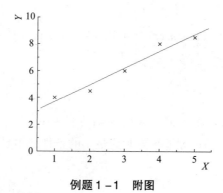

例题1-1 附图

计算结果列于下表：

X_i	Y_i	X_i^2	X_iY_i
1	4	1	4
2	4.5	4	9
3	6	9	18
4	8	16	32
5	8.5	25	42.5
$\sum X_i = 15$	$\sum Y_i = 31$	$\sum X_i^2 = 55$	$\sum X_iY_i = 105.5$

$$m = \frac{\sum X \cdot \sum Y - n \sum XY}{\left(\sum X_i\right)^2 - n \sum X_i^2} = \frac{15 \times 31 - 5 \times 105.5}{15^2 - 5 \times 55} = 1.25$$

$$b = \frac{\sum Y_i - m \sum X_i}{n} = \frac{31 - 1.25 \times 15}{5} = 2.45$$

所以
$$f(X) = 2.45 + 1.25X$$

第2章　实验室测量技术

在化学化工实验和化工生产中，流体的一些基本参数如温度、压强和流量等的测量是必需的，能否准确合适地测量这些基本参数对实验结果和生产情况有很大的影响，了解化工常见物理量的测量方法，合理地选择和使用仪表尤其重要。本章将介绍温度、压力、流量的测量方法原理和仪表特性。

2.1　温度测量

在化工生产和科学实验中，温度是表征物体冷热程度的物理量，往往是测量和控制的重要参数。温度不能直接测量，只能借助冷、热物体之间的热交换，以及物体的某些物理性质随冷热程度变化的特性进行间接测量。温度的测量方式可分为两大类：接触式和非接触式。接触式是利用两物体接触后，在足够长的时间内达到热平衡，两个互不平衡的物体温度相等，这样测量仪器就可以对物体进行温度的测量。非接触式是利用热辐射原理，测量仪表的敏感元件不需要与被测物质接触，它常用于测量运动体和热容量小或特高温度的场合。表2-1列出了各种温度计及工作原理。

表2-1　温度计的分类及工作原理

温度计的分类			工作原理	测温范围/℃	主要特点
接触式测温仪表	膨胀式	液体膨胀式	利用液体(水银、乙醇)或固体(双金属片)受热时产生膨胀的特性	-200~700	结构简单、价格低廉，一般只用作就地测量
		固体膨胀式			
	压力表式	气压式	利用封闭在一定容积中的气体、液体或某些液体的饱和蒸汽，受热时其体积或压力变化的性质	0~300	结构简单，具有防爆性，不怕振动，可作近距离传送；准确度低，滞后性大
		液压式			
		蒸汽式			
	热电阻式	金属热电阻	利用导体或半导体受热其电阻值变化的性质	-200~850	准确度高，能远距离传送，适用于低、中温测量；体积较大，测点温较困难
		半导体热敏电阻		-100~300	
	热电偶式		利用物体的热电性质	0~1600	测温范围广，能远距离传送，适于中、高温测量，需进行冷端温度补偿、在低温区测量准确度较低

续表

温度计的分类		工作原理	测温范围/℃	主要特点
非接触式测温仪表	光学式	利用物体辐射能随温度变化的性质	600～2000	适用于不能直接测温的场合，测温范围广，多用于高温测量；测量准确度受环境条件的影响，需对测量值修正后才能减小误差
	比色式			
	红外式			

2.1.1　膨胀式温度计

根据液体受热膨胀的原理用于测量温度的仪表称为液体膨胀式温度计，如玻璃管温度计。利用固体长度随温度变化的性质测量温度的仪表称为固体膨胀式温度计，如双金属温度计。

1. 玻璃管温度计

(1)玻璃管温度计概述

玻璃管温度计利用玻璃感温泡内的测温物质(水银、乙醇、甲苯、煤油等)受热膨胀、遇冷收缩的原理进行温度测量。

玻璃管温度计是最常用的一种测定温度的仪器。其结构简单，价格便宜，读数方便，有较高的精度，测量范围为 – 80～500℃。其缺点是易损坏，损坏后无法修复。目前实验室用得最多的是水银温度计和有机液体(如乙醇)温度计。水银温度计测量范围广、刻度均匀、读数准确，但损害后会造成汞污染。有机液体(乙醇、苯等)温度计着色后读数明显，但由于膨胀系数随温度而变化，故刻度不均匀，读数误差较大。

(2)玻璃管温度计的种类

玻璃管温度计按其用途和使用场合可分为带有金属保护管的玻璃温度计、电接点玻璃温度计、标准水银温度计等。

①带有金属保护管的玻璃温度计

工业生产过程中利用玻璃温度计测量时，为防止玻璃温度计被碰断和使玻璃温度计可靠地固定在测温设备上，工业上使用的玻璃温度计带有金属保护管。根据内标式玻璃温度计的外形，带有金属保护管的玻璃温度计有直形、90°角形和135°角形三种形式。

②电接点玻璃温度计

电接点玻璃温度计利用水银作为导电介质，与电子继电器等电气元件组成控制电路，用来对某一温度变化进行越限报警或双位控制。其工作原理是：当水银随温度变化上升到触点时，控制电路接通，起到越限报警或控制的作用。

电接点玻璃温度计按工作触点能否调节分为可调式和固定式两种形式，可调式电接点玻璃温度计外形如图 2 – 1 所示。

图 2 – 1　可调式电接点玻璃温度计

③标准水银温度计

根据 JJG 161—2010《标准水银温度计》，原一等标准水银温度计及二等标准水银温度计不再分级，合并为标准水银温度计。一套测量范围为 –60 ~ 300℃的标准水银温度计不少于 7 个，分度值为 0.05℃和 0.1℃。

（3）玻璃管温度计的安装和使用

①安装在没有大的振动、不易受碰撞的设备上，特别是有机液体玻璃管温度计，如果振动很大，容易使液柱中断。

②玻璃管温度计感温泡中心应处于温度变化最敏感处（如管道中流速最大处）。

③玻璃管温度计安装在便于读数的场所，不能倒装，尽量不要倾斜安装。

④为减少读数误差，应在玻璃管温度计保护管中加入甘油、变压器油等，以排除空气等不良导体。

⑤水银温度计读数时按凸面之最高点读数，有机液体玻璃管温度计则按凹面最低点读数。

⑥为准确地测量温度，用玻璃管温度计测定物体温度时，对温度计露出液体部分进行校正，除主温度计外，还须附加温度计，如图 2 – 2 所示。

例如，在测量时，水银柱的上部露在欲测物体外部，则这段水银的温度不是欲测物体的温度，因此必须按式(2 – 1)校正：

$$\Delta T = \frac{n(T - T')}{6000} \tag{2 – 1}$$

式中　n——露出部分水银柱高度（温度刻度数）；

　　　T——温度计指示的温度；

　　　T'——露出部分周围的中间温度（要用另一支温度计测出）；

　　　$\dfrac{1}{6000}$——玻璃与水银的膨胀系数之差。

则校正后实际的温度 $= T + \Delta T$。

（4）玻璃管温度计的校正

用玻璃管温度计进行温度精确测量时要校正，校正方法有两种：与标准温度计在同一状况下比较，利用纯质相变点如冰—水、水—水蒸气系统校正。

将被校验的玻璃管温度计与标准温度计插入恒温槽中，等恒温槽的温度稳定后，比较被验温度计和标准温度计的示值。

亦可用冰—水、水—水蒸气的相变温度来校正温度计。

①用水和冰的混合液校正 0℃

在 100mL 烧杯中，装满碎冰或冰块，然后注入蒸馏水至液面达到冰面下 2cm 为止，插入温度计使刻度便于观察或是露出 0℃于冰面上，搅拌并观察水银柱的改变，待其所指温度恒定时，记录读数。即是校正过的 0℃，注意勿使冰块完全溶解。

②用水和水蒸气校正 100℃

校正温度计如图 2 - 3 所示，塞子留缝隙是平衡试管内外的压力。向试管内加入少量沸石及 100mL 蒸馏水。调整温度计使其水银球在液面上 3cm。以小火加热并注意蒸汽在试管壁上冷凝形成 1 个环，控制火力使其水银球上方约 2cm 处，若保持水银球上有一液滴，说明液态与气态间达到热平衡。当温度恒定时观察水银柱读数，记录读数。再经过气压校正后即是校正过的 100℃。

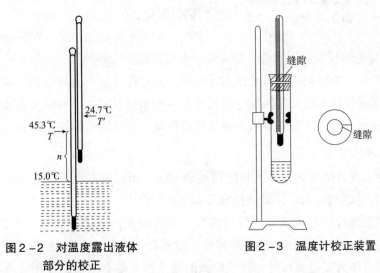

图 2 - 2 对温度露出液体
部分的校正

图 2 - 3 温度计校正装置

2. 双金属温度计

双金属温度计通常是以双金属元件作为温度敏感元件。双金属元件由两种线膨胀系数不同的金属结合在一起而制成。当被测温度变化时，由于两金属片所产生的伸长量不同而使金属片弯曲，从而将温度的变化转换为双金属片自由端的位移变化。这种双金属温度计比玻璃温度计坚固，且无汞毒，有一定的耐震能力，读数方便，因此代替水银温度计应用在工业测量，其精度一般低于水银温度计。

2.1.2 压力式温度计

利用封闭在密器中填充气体或某种液体的饱和蒸气的压力随温度变化的原理制成的温度计称为压力式温度计。按填充物质不同又可分为气体压力式温度计、蒸气压力式温度计和液体压力式温度计。

1. 压力式温度计的工作原理

压力式温度计如图 2 - 4 所示。由温包、毛细管和弹簧管构成一个封闭系统。系统内充有感温物质，如氮气、水银、二甲苯、甲苯、甘油和低沸点液体，以及氯甲烷、氯乙烷等。测量时，温包放置在被测介质中，当被测介质温度发生变化时，温包内感温物质受热而压力发生变化，温度升高，压力增大；温度降低，压力减小。压力的变化经毛细管传递

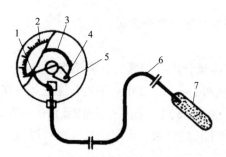

图2-4 压力式温度计的工作原理
1—指针；2—刻度盘；3—弹簧管；4—连杆；
5—传动机构；6—毛细管；7—温包

到弹簧管，弹簧管一端被固定，另一端为自由端，因压力变化而产生位移，经过传动机构，带动指针指示出相应的温度变化值。

温包是直接与被测介质接触，用来感受被测介质温度变化的元件，因此，要求它具有较高的机械强度、小的膨胀系数、高的热导率及抗腐蚀性能。温包常用紫铜管、无缝钢管或不锈钢管制造，外径 12～22mm，长 65～435mm。管的一端用盖板焊死，另一端则通过长 235～300mm 的短管与毛细管相连，短管上配有安装温包用的固定螺纹。

毛细管是用来作为温包与弹簧管压力计之间连接和传递压力的导管，一般用铜或不锈钢冷拉而成的无缝管材制成，其内径一般为 0.15～0.5mm，长 20～60m。由于毛细管很细很长，极容易损坏，因此毛细管常用金属软管或铜丝、镀锌钢丝编织成的包皮保护。

2. 压力式温度计的特点

(1)压力式温度计的毛细管最大长度可达到 60m，所以该温度计既可就地测量，又可在 60m 范围内较远距离显示、记录、报警和调节所测温度。

(2)压力式温度计的结构简单。价格便宜、刻度清晰，适用于固定工业设备内气体、蒸汽或液体在 –80～500℃ 范围内的温度测量。被测介质最大压力为 6MPa。

(3)除电接点压力式温度计外，其他形式的温度计不带有电源，使用中不会有火花产生，因此具有防爆性能，适用于易燃、易爆环境下的温度测量。

(4)压力式温度计的示值由毛细管传递，滞后时间长，即时间常数大。另外，毛细管机械强度差，易损坏，而且损坏后不易修复。

3. 压力式温度计的使用

(1)应根据实际被测温度选用合适量程的温度计。使用中不应超过其允许温度测量范围，以免老化，影响使用寿命。

(2)安装前要进行标定，简单的办法是：用一支标准玻璃水银温度计对照检查它的室温示值，然后在热水或沸水中校验它在某一点的指示标准度。在校验过程中，注意观察其传动系统是否灵活，指针是否平稳地移动。当检查合格后，该温度计方能进行安装，用于测量温度。

(3)使用过程中，要保持表体清洁，以便于读数。同时，应注意维修保养，勿使温度计感温部分腐烂、锈蚀。

2.1.3 热电阻温度计

热电阻是工业上广泛用于温度测量的感温元件，具有结构简单、精度高、使用方便等优点。热电阻与二次仪表配套使用，可以远传、显示、记录和控制 –200～600℃ 温度范围内的液体、气体、蒸汽等介质及固体表面的温度。

热电阻的测温原理是基于金属或半导体的电阻值随温度变化而变化，再由显示仪表测出热电阻的电阻值，从而得出与电阻值相应的温度值。由热电阻、连接导线和显示仪表组成的测温装置称为电阻温度计。

目前，工业上标准化生产的热电阻主要有铂电阻、铜电阻和镍电阻。工业上广泛应用的是铂电阻和铜电阻。

1. 铂电阻

铂是一种制造热电阻比较理想的材料，它易于提纯，在氧化性介质中具有很高的稳定性和良好的复制性，电阻与温度变化关系近似线性，并具有较高的测量精度。但在高温下，铂易受还原性介质损伤，质地变脆。在 $0 \sim 850℃$ 范围内铂的电阻值与温度的关系可用式（2-2）表示：

$$R_t = R_0(1 + At + Bt^2) \tag{2-2}$$

式中　A、B——常数，由实验求得，对通常的工业用铂电阻有：$A = 3.90802 \times 10^{-3}$，$B = -5.80195 \times 10^{-7}$；

　　　t——温度，℃；

　　　R_0——温度为 0℃ 时的电阻值，Ω；

　　　R_t——温度为 t 时的电阻值，Ω。

2. 铜电阻

铜电阻的特点是它的电阻值与温度的关系是线性的，电阻温度系数也较大，而且材料易提纯，价格较便宜，但其电阻率低，易氧化，在没有特殊限制时可以使用铜电阻。

在 $-50 \sim 150℃$ 范围内，铜电阻温度关系为：

$$R_t = R_0(1 + \alpha t) \tag{2-3}$$

式中　α——铜电阻温度系数，$\alpha = (4.25 \sim 4.28) \times 10^{-3}, ℃^{-1}$。

我国工业用铜电阻的分度号为 Cu50（其 $R_0 = 50\Omega$）、Cu100（其 $R_0 = 100\Omega$）。

3. 热电阻的构造

（1）普通热电阻

普通热电阻主要由电阻体、引出线、绝缘子、保护套管和接线盒组成。

（2）铠装热电阻

铠装热电阻是近年来发展起来的，它由金属保护管、绝缘材料和电阻体三者组成。铠装热电阻有如下特点：

①惰性小，反应迅速。如保护管直径为 12mm 的普通铂电阻，其时间常数为 25s；而金属套管直径为 4.0mm 的铠装热电阻，其时间常数仅为 5s 左右。

②具有可弯曲性能，铠装热电阻除头部外，可以做任意方向的弯曲，因此它适用于结构较为复杂的狭小设备的温度测量，具有良好的耐振动、抗冲击性能。

③铠装热电阻的电阻体由于有氧化镁绝缘材料的覆盖和金属套管的保护，热电丝不易被有害介质所侵蚀，因此它的寿命较普通热电阻长。

4. 半导体电阻(热敏电阻)温度计的工作原理

利用半导体材料制成的热电阻称为热敏电阻，大多数半导体热敏电阻具有负电阻温度系数，其电阻值随着温度的升高而减小，随着温度的降低而增大，虽然温度升高粒子的无规则运动加剧，引起自由电子迁移率略为下降，然而自由电子的数目随温度升高而增加得更快，所以温度升高其电阻值下降。

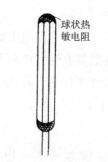

图 2 - 5　球状热敏电阻

半导体热敏电阻通常用铁、镍、钼、钛、铜等一些金属的氧化物制成。可测量 100 ~ 300℃ 的温度。具有很多优点：电阻温度系数大(为 3% ~ 6%)，灵敏度高；电阻率大，因而体积小，电阻值很大，故连接导线电阻变化的影响可忽略；结构简单；热惯性小。

热敏电阻可制成各种形状。用作温度计的热敏元件是制成小球状的热敏电阻体，并用玻璃或其他薄膜包裹而成。球状热敏电阻的本位为直径 1 ~ 2mm 的小球，封入两根 0.1mm 的铂丝作为导线，如图 2 - 5 所示。

2.1.4　热电偶温度计

热电偶将温度信号转换成电势(mV)信号，配以测量毫伏的仪表或变送器可以实现温度的测量或温度信号的转换。具有性能稳定、复现性好、体积小、响应时间较小等优点。

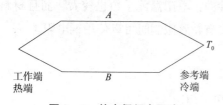

图 2 - 6　热电偶闭合回路

两种不同的导体(或半导体)A、B 组成闭合回路如图 2 - 6 所示，当 A、B 相接的两个接点温度不同时，则在回路中产生一个电势，称为热电势。图 2 - 6 所示的闭合回路称为热电偶。导体 A 和 B 称为热电偶的热电极。热电偶的两个接点中，置于被测介质(温度为 T)中的接点称为工作端或热端；温度为参考温度 T_0 的一端称为冷端。

在热电偶的回路中，热电势 E 与热电偶两端的温度 T 和 T_0 均有关。如果保持 T_0 不变，则热电势 E 只与 T 有关。换言之，在热电偶材料已定的情况下，它的热电势 E 只是被测温度 T 的函数，用动圈仪表或电位差计测得 E 的数值后，即可知被测温度。

1. 常用热电偶的种类

常用热电偶有以下几类。

(1)T 类：铜(+)对康铜(-)

T 类热电偶对环境适应性强，抗腐蚀，在真空、氧化、还原或惰性气体中也可使用，适于 0℃ 以下的温度测量，温度上限为 371℃。此外，这类热电偶产生的热电势大，价格便宜，但重复性不太好，故市场上见不到铠装的铜 - 康铜热电偶。

(2)J 类(国产 TK 类)：铁(+)对康铜(-)

J 类热电偶在低于 760℃ 的温度下，可在真空、氧化、还原或惰性气体中使用，但不能在 538℃ 以上的含硫气体中使用。产生的热电势大，价格便宜。

（3）K 类（国产 EU 类）：含铬 10% 的镍、铬合金（+）对含镍 5% 的镍铝或镍硅合金（－）

K 类热电偶的抗氧化性比其他金属热电偶好，适宜在 160℃ 以下的氧化或惰性气体中连续使用，但在还原气体中不能使用（除非加保护套管）。在含硫气体中使用时，需加保护套管。因为硫侵害热电极造成晶间腐蚀，使负热电极导线迅速脆化和断裂。这类热电偶的各支热电偶之间，热电性能较一致，且热电势大，线性好，测温范围宽，价格便宜，适用于酸性环境，是工业生产中最常用的一种热电偶。其缺点是长期使用时，因镍铝氧化变质，热电特性发生改变而影响测量精度。

（4）E 类：含铬 10% 的镍铬合金（+）对康铜（－）

E 类热电偶适于 －250 ~ 871℃ 范围内的氧化或惰性气体中使用。在还原或氧化与还原交替的环境中使用时，其局限性 K 类一样。在各类常用热电偶中，E 类热电偶产生的每度电势值较高，200℃ 时 $dE_{AB}(t, t_0)/dt = 74.5\mu V/℃$，所以这类热电偶被广泛使用。

（5）R、S 类（S 类相当于国产的 LB 类）

R、S 类含铂铑 13% 的铂铑合金（+）对铂（－），S 类含铑 10% 的铂铑合金（+）对铂（－）。

R、S 类热电偶能耐高温，适于在 1399℃（国产为 1300℃）以下的氧化或惰性气体中连续使用。在高温下易受还原性物质的蒸气和金属蒸气的侵害变质，导致热电偶特性变化，所以不适于在还原性气体中使用。由于容易得到高纯度的铂和铂铑，故这类热电偶的复制精度和测量准确性较高，性能稳定，可用于精确温度的测量和做标准热电偶。其缺点是热电势较弱，热电性质是非线性的，材料为贵金属，成本较高。

（6）B 类（国产 LL 类）：含铑 30% 的铂铑合金（+）对含铑 6% 的铂铑合金（－）

B 类热电偶可长期测量 1600℃ 的高温。其性能稳定，精度高，适于在氧化性和中性介质中使用，不适于在还原性气体中使用。其缺点是产生的热电势小，价格昂贵。

（7）国产 EA 类：含铬 10% 的镍铬合金（+）对康铜（含镍 44% 的镍铜合金）（－）

EA 类热电偶适于在还原性或中性介质中使用，长期使用温度不宜超过 600℃。其特点是热电灵敏度高，热电势大，价格便宜，但温度范围低且窄，康铜合金丝易氧化变质。

2. 热电偶冷端的温度补偿

由热电偶测温的原理可知，只有当热电偶的冷端温度保持不变时，热电势才是被测温度的单值函数。在应用时，由于热电偶的工作端（热端）与冷端离得很近，冷端又暴露于空间，容易受到周围环境温度波动的影响，因而冷端温度难以保持恒定。为此采用以下几种处理方法。

（1）补偿导线法

为使热电偶的冷端温度保持恒定（最好为 0℃），可以把热电偶做得很长，使冷端远离工作端，并连同测量仪表一起放置在恒温或温度波动较小的地方（如集中在控制室）。但这种方法一方面使安装使用不方便，另一方面也要多耗费许多贵重的金属材料。因此，用一种导线（称补偿导线）将热电偶的冷端延伸出来，这种导线在一定温度范围内（0 ~ 100℃）

具有和所连接的热电偶相同的热电性能，其材料又是廉价金属。对于常用的热电偶，如铂铑－铂热电偶，补偿导线用铜－镍铜；镍铬－镍硅热电偶，补偿导线用铜－康铜；对于镍铬－铜镍、铁－铜镍、铜－康铜等一类用廉价金属制成的热电偶，则可用其本身的材料做补偿导线将冷端延伸到温度恒定的地方。

必须指出的是，只有当新移的冷端温度恒定或配用仪表本身具有冷端温度自动补偿装置时，应用补偿导线才有意义。如果新移的冷端仍处于温度较高或有波动的地方，那么，此时的补偿导线就完全失去其应有的作用。因此，热电偶的冷端必须妥善安置。

此外，热电偶和补偿导线连接端处的温度不应超出100℃，否则也会由于热电特性不同而带来新的误差。

（2）冷端温度校正法

由于热电偶的温度－热电势关系曲线（刻度特性）是在冷端温度保持为0℃的情况下得到的，与它配套使用的仪表根据这一关系曲线进行刻度，因此，尽管已采用补偿导线使热电偶冷端延伸到温度恒定的地方，但只要冷端温度不等于0℃，就必须对仪表指示值加以修正。

例如，冷端温度高于0℃，但恒定于t_0，则测得的热电势要小于该热电偶的分度值。此时，为求得真实温度可利用式（2-4）进行修正：

$$E(T, 0℃) = E(T, t_0) + E(t_0, 0) \tag{2-4}$$

（3）冰浴法

为避免经常校正的麻烦，可采用冰浴法使冷端温度保持恒定0℃。在实验室条件下采用冰浴法，通常是把冷端放在盛有绝缘油的试管中，然后再将其放入装满冰水混合物的容器中，使冷端温度保持恒定0℃。

（4）补偿电桥法

如图2-7（a）所示，在回路中接入一个温度系数大的电阻（通常用铜电阻），这时热电偶回路中总电势$E_0 = E + IR_{Cu} = E_0 + IR_0(1 + \alpha t)$。其中$E$为热电偶的电势，$\alpha$为铜电阻的电阻温度系数；$R_0$为0℃时铜电阻的电阻值。当热电偶冷端与铜电阻感受相同温度时，铜电阻上电压的变化$IR_0 \alpha \Delta T$将能补偿热电偶冷端温度变化而引起的热电势变化值。在实际应用中，大多采用具有低内阻的补偿电桥[见图2-7（b）]，当电桥处于平衡时，电桥对仪表读数无影响。由于热电偶的热电势对应于温度是非线性关系，所以用一个铜电阻构成的补偿电路在大温度范围内，补偿的误差很大。这时，采用图2-7（c）所示的两个铜电阻补偿方法为好。

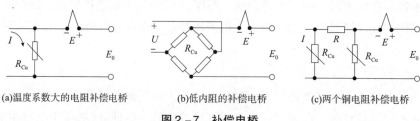

(a)温度系数大的电阻补偿电桥　　(b)低内阻的补偿电桥　　(c)两个铜电阻补偿电桥

图2-7　补偿电桥

3. 显示仪表

热电偶的显示仪表一般有动圈式仪表、直流电位差计、电子电位差计、数字电压表等。在实验室中使用电位差计较多，电位差的测量原理基于电压平衡法(电压抵消法)，故电位差计也被称为"电压天平"，即用已知的电压去平衡欲测量的电势，当在测量回路中电流等于0，此时显示出的已知电压值就是被测的电势值。

2.2　压力测量

在化工厂和实验室中经常会遇到压力测量的问题，如精馏、吸收等化工单元所用的分离塔需要测量塔顶、塔釜的压力，以便了解塔的操作是否正常；流体在管道中的流动阻力的测定实验中，需测量流体流经管道和管件压降；在离心泵特性曲线测定实验中要测量泵进、出口压力等。压力测量仪表可分为液柱式压力计、弹性压力计、电气式压力计等。

2.2.1　液柱式压力计

液柱式压力计是利用液柱高度产生的压力和被测压力相平衡的原理制成的测压仪表，这种测压仪表具有结构简单、使用方便、精度较高、价格低廉的特点，既有定型产品又可自制，在工业生产和实验室中广泛应用于测量低压或真空度。

1. 液柱式压力计的结构

液柱式压力计的结构形式有3种：U形管压力计、单管压力计(杯形压力计)和斜管压力计。液柱式压力计的结构形式和特性见表2-2。

U形管压力计的结构见表2-2，U形管压力计是将一根内径为6~10mm的玻璃管弯成U形、然后将其垂直固定在平板上，U形管中间装有刻度标尺，刻度零点在标尺中央。管子内充灌水、水银或其他液体，并使液面与零点刻度相一致。用U形管压力计测量液体的压力差时，必须读出两管中液面的高度。

表2-2　液柱式压力计的结构形式和特性

名称	示意图	测量范围	静态方程	备注
U形管压力计		高度差R不超过800mm	$\Delta p = R_g(\rho_0 - \rho)$(液体)　$\Delta p = R_g\rho$(气体)	零点在标尺中间，用前不需调零，常用作标准压差技术校正流量计
倒置U形管压力计		高度差R不超过800mm	$\Delta p = R_g(\rho_0 - \rho)$(液体)	以待测液体为指示液，适用于较小压差的测量

名称	示意图	测量范围	静态方程	备注
单管压力计		高度差 R 不超过 1500mm	$\Delta p = R\rho(1 + S_1/S_2)g$ 当 $S_1 \ll S_2$ 时 $\Delta p = R\rho g$ S_1：垂直管截面积 S_2：扩大室截面积（下同）	零点在标尺下端，用前需调整零点，可用作标准器
斜管压力计		高度差 R 不超过 200mm	$\Delta p = L\rho g(\sin\alpha + S_1/S_2)$ 当 $S_1 \gg S_2$ 时 $\Delta p = L\rho g \sin\alpha$	α 小于 $10° \sim 20°$ 时，可改变 α 的大小来调整测量范围。零点在标尺下端，用前需调整
U 形管双指示液压力计		高度差 R 不超过 500mm	$\Delta p = Rg(\rho_A - \rho_C)$	U 形管中装有 A、C 两种密度相近的指示液，且两臂上方有"扩大室"，旨在提高测量精度

如果用 U 形管压力计测量水平管道液体流经两截面的压强差时，根据流体静力学基本方程式可得：

$$\Delta\rho = R(\rho_0 - \rho)g \tag{2-5}$$

式中　$\Delta\rho$——管道两截面的压强差，Pa；

　　　R——U 形管压力计液柱高度读数，m；

　　　ρ_0——U 形管压力计指示液的密度，kg/m^3；

　　　ρ——被测液体的密度，kg/m^3。

U 形管压力计不但可用来测量液体的压强差，而且可测量流体在任一处的压强，如果 U 形管的一端与设备或管道某一截面相连，另一端与大气相通，这时从 U 形管压力计的读数 R 是反映设备或管道中某截面流体的绝对压强与大气压强之差，即为表压强。

2. 液柱式压力计使用注意事项

液柱式压力计虽然构造简单、使用方便、测量准确度高，但耐压程度差、结构不牢固、容易破碎、测量范围、示值与工作液体密度有关，因此在使用中必须注意以下几点：

(1)被测压力不能超过仪表测量范围。有时因被测对象突然增压或操作不注意造成压力增大，会使指示液冲走，在实验操作中要特别引起注意。

(2)避免安装在过热、过冷、有腐蚀性液体或有振动的地方。

(3)选择指示液体时要注意不能与被测液体混溶或发生反应，根据所测的压力大小，选择合适的指示液体，常用指示液体如水银、水、四氯化碳、苯甲醇、煤油、甘油等。注入指示液体时，应使液面对准标尺零点。

（4）由于液体的毛细现象，在读取压力值时，视线应在液柱面上，观察水时应看凹面处，观察水银面时应看凸面处。

（5）在使用过程中保持测量管和刻度标尺的清晰，定期更换工作液。经常检查仪表本身和连接管间是否有泄漏现象。

2.2.2 弹性压力计

弹性压力计是利用各种不同形状的弹性感压元件在被测压力的作用下，产生弹性变形的原理制成的压力仪表。这种仪表具有构造简单、牢固可靠、测压范围广、使用方便、造价低廉、有足够的精确度等优点，便于制成发送信号、远距离指示及控制单元，是工业部门应用最为广泛的测压仪表。

弹性压力表根据测压范围的大小，有着不同的弹性元件。按弹性元件的形状结构，弹性压力表有四种形式：弹簧管压力表（单圈弹簧管压力表、多圈弹簧管压力表）、膜片压力表、膜盒压力表和波纹管压力表。

1. 弹簧管压力表

弹簧管压力表分为单圈和多圈弹簧管式两种压力表。单圈弹簧管压力表可用于真空测量，也可用于高达 10^3 MPa 的高压测量，品种型号繁多，使用最为广泛。根据测压范围又分为压力表、真空表及压力真空表。按精度等级来分有精密压力表（精密等级 0.25）、标准压力表（精密等级 0.4）和普通压力表（精密等级 1.5 和 2.5）；按用途分有压力表、真空表、氨气压力表、氧气压力表、乙炔压力表、氢气压力表等；按信号显示方式分有双针双管压力表（两个单管压力测量系统装在一个表壳内，可测量两个压力）、电接点压力表、远传压力表等；按适应特殊环境的能力分有防爆压力表、耐震压力表、耐硫压力表、耐酸压力表等。多圈弹簧管压力表灵敏度高，常用于压力式温度计。

（1）弹簧管压力表的结构

普通单圈弹簧管压力表的结构如图 2 - 8 所示，被测压力由接头通入，迫使弹簧管的自由端 B 向右上方扩张。自由端 B 的弹性变形位移由拉杆使扇形齿轮做逆时针偏转，于是指针通过同轴的中心齿轮的带动而做顺时针偏转，从而在面板的刻度标尺上显示出被测压力值。

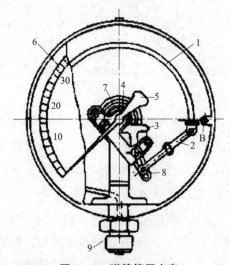

图 2 - 8　弹簧管压力表

1—弹簧管；2—拉杆；3—扇形齿轮；4—中心齿轮；
5—指针；6—面板；7—游丝；8—调整螺钉；9—接头

游丝的一端与中心齿轮轴固定，另一端在支架上，借助于游丝的弹力使中心齿轮与扇形齿轮始终只有一侧啮合面啮合，这样可以消除扇形齿轮与中心齿轮之间固有啮合间隙而产生的测量误差。

扇形齿轮与拉杆相连的一端有开口槽，改变拉杆和扇形齿轮的连接位置，可以改变传动机构。

（2）弹簧管压力表使用安装中的注意事项

为确保弹簧管压力表测量的正确性和长期使用，仪表安装与维护十分重要，在使用时应注意下列各项规定。

①仪表应在正常允许的压力范围内使用，一般压力不应超过测量上限的 70%，在压力波动时，不应超过测量上限的 60%。工业用压力表应在环境温度 $-40 \sim 60℃$，相对湿度不大于 80% 的条件下使用。

②仪表安装处与测压点之间的距离应尽量短，以免指示迟缓。而且仪表的安装高度应与测压点相同或相近，否则将产生液柱附加压力误差，必要时需加修正值。

③在振动情况下使用仪表时要装减震装置，测量结晶或黏度大的介质时要加装隔离器，仪表必须垂直安装，无泄漏现象，取压口到压力表之间应装有切断阀以备检修压力表时使用。

④测量爆炸、腐蚀、有毒气体的压力时，应使用特殊的仪表，如氧气压力表，严禁接触油类，以免发生爆炸。

⑤仪表必须定期校验，合格的仪表才能使用。

2. 膜片压力表

膜片压力表的最大优点是可用来测量黏度较大的介质压力。如果膜片和下盖是用不锈钢制造的，或膜片和下盖内侧涂以适当的保护层（如 F - 3 氟塑料），还可用来测量某些腐蚀介质的压力。

3. 膜盒压力表

膜盒压力表适用于测量空气和对铜合金不起腐蚀作用的气体的微压和负压。

4. 波纹管压力表

波纹管压力表常用来测量对黄铜和碳素钢无腐蚀作用、低黏度、洁净、不结晶和不凝固介质在 $0 \sim 400kPa$ 的压力。由于波纹管在压力的作用下位移较大，所以它除用于指示型仪表之外，一般都做成自动记录仪表。有的波纹管压力表还带电接点装置和调节装置。

5. 电气式压力表

为适应现代化工业生产过程对压力测量信号进行远距离传送、显示、报警、检测与自动调节及便于应用计算机技术等需要，常常采用电气式压力表。

电气式压力表是一种将压力值转换成电量的仪表。一般由压力传感器、测量电路和指示、记录装置组成。

压力传感器大多仍以弹性元件作为感压元件。弹性元件在压力作用下的位移通过电气装置转变为某一电量,再由相应的仪表(二次仪表)将这一电量测出,并以压力值表示。这类电气式压力表有电阻式、电感式、电容式、霍尔式、应变式和振弦式等。还有一类是利用某些物体的物理性质与压力有关而制成的电气式压力表,如压电晶体、压敏电阻等制成的压力传感器,该压力传感器本身可以产生远传的电信号。

2.2.3　取压点的选择及取压孔

1. 取压点的选择

为正确地测压取得静压值,取压点的选择十分重要,取压点必须尽量选择在受流体流动干扰最小处,如在管线上取压,取压点应选在离流体上游的管线、管件或其他障碍物40~50倍管内径的距离,使紊乱的流线流过一段距离的稳定段后靠近壁面处的流线与管壁面平行,避免动能对测量的影响。若受条件限制不能保证$(40~50)d_{内}$的稳定段,可设置整流板或整流管等措施。

2. 取压孔口

取压孔口(又称测压孔),由取压管(又称测压管)连接至压强计或压力仪表显示该测压处的压强。由于在管道壁面上开设了取压孔口,流体流过取压口时流线会向孔内弯曲而引起旋涡。因此,从取压口引出的静压强与流体真实的静压强存在误差,该误差与孔附近的流动状态有关,与孔的尺寸、几何形状、孔轴的方向和孔的深度及开孔处壁面的粗糙度有关。孔径尺寸越大,流线弯曲越严重,产生的涡流越大,引起测量误差也越大。所以从理论上分析,取压口越小越好,但孔口太小了加工困难,同时易被脏物堵塞,另外,测量的动态性能差。一般孔径为$0.5~1mm$(精度要求稍低的场合,可适当放粗孔径尺寸)。孔深h/孔径$d \geq 3$,孔的轴线要垂直壁面,孔的边缘不应有毛刺,孔周围处的管道壁面要光滑,不应有凹凸部分。取压孔的方位,视流体的具体情况而定;当为气体时,一般孔口径位于管道上方;当为蒸汽时,位于管道的侧面;为液体时,位于与水平轴线呈45°角处,如图2-9所示。

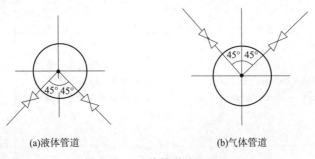

(a)液体管道　　　　　　　　(b)气体管道

图2-9　流体管道的取压口

由于测压是以管壁面上的测量值表示该断面处的静压,因此,可在该断面装取压环(图2-10)代替单孔取压,以消除管道断面上各点的静压差不均匀流动引起的附加误差。

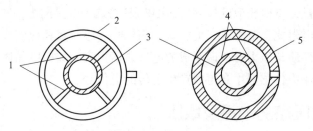

图 2 – 10　取压环

1—取压管；2—环形管；3—管道；4—取压孔口；5—取压环

2.3　流量测量

　　流量是化学工业生产过程和科学实验中的重要参数，不论是化工还是科学实验都要进行流量测量，以进行核算过程中物料的输送和配比，流动介质的工艺流动物料和能量的平衡等问题都与流量有着密切关系，工业生产的自动化和优化控制更是离不开流量的测量和控制。

　　流量是表示单位时间流过的流体质量（kg/h）或流体体积（m^3/h），前者称为质量流量，后者称为体积流量。测量流量的方法和仪表很多，目前工业上的流量测量仪表按作用原理分，常用的有：面积式流量计、压差式流量计、流速式流量计和容积式流量计等。这四大类都有相应的仪表产品，它们的流量测量范围、精度等级、适用场合和有关特点分别见表 2 – 3。

表 2 – 3　流量计分类

	名称	测量范围	精度	适用场合	特点
面积式	玻璃管转子流量计	$16 \sim 1 \times 10^6$L/h（气） $1.0 \sim 4 \times 10^4$L/h（液）	2.5	空气、氮气、水及与水相似的其他安全流体的小流量测量	①结构简单，维修方便； ②精度低； ③不适用于有毒介质及不透明介质
	金属管转子流量计	$0.4 \sim 3000$Nm^3/h（气） $12 \sim 1 \times 10^5$L/h（液）	1.5 2.5	①流量大幅度变化的场合； ②高黏度、腐蚀性流体； ③差压式导压管及容易汽化的场合	①具有玻璃管转子流量计的主要特点； ②可远传； ③具有防腐性，可用于酸、碱、盐等腐蚀介质
	冲塞式流量计	$4 \sim 60 m^3$/h	3.5	各种无渣滓、无结焦介质的现场流量指示或流量积算	①结构简单； ②安装使用方便； ③精度低，不能用于脉冲流量测量

	名称	测量范围	精度	适用场合	特点
压差式	节流装置流量计	$60 \sim 25000mmH_2O$	1	非强腐蚀的单向流体的流量测量，允许有一定的压力损失	①使用广泛； ②结构简单； ③对标准节流装置不必个别标定即可使用
	匀速管流量计			大口径、大流量的各种气体、液体的流量测量	①结构简单； ②安装、拆卸、维修方便； ③压损小，能耗少； ④输出压差较低
流速式	旋翼式水表	$0.045 \sim 2800m^3/h$	2	主要用于水的测量	①结构简单，表型小，灵敏度高； ②安装使用方便
	涡轮流量计	$0.04 \sim 6000m^3/h$(液) $2.5 \sim 350m^3/h$(气)	$0.5 \sim 1$	用于黏度较小的洁净流体及宽测量范围内的高精度测量	①精度较高，适用于计量； ②耐温耐压范围较广； ③变送器体积小，维护容易； ④轴承易损坏，连续使用周期短
	旋涡流量计	$0 \sim 3m^3/h$(水) $0 \sim 30m^3/h$(气)	1.5	适用于各种气体和低黏度液体的测量	①量程变化范围宽； ②结构简单，维修方便
	电磁式流量计	$2 \sim 5000m^3/h$	1	适用于电导率 $> 10^{-4}$ S/cm 的导电液体的流量测量	①只能测量导电液体； ②测量精度不受介质黏度、密度、温度、电导率变化的影响； ③几乎无压损； ④不适合测量铁磁性物质
	分流旋翼式蒸汽流量计	$0.05 \sim 12t/h$	2.5	精确计量饱和水蒸气的质量流量	①安装方便； ②直读式，使用方便； ③可对饱和水蒸气的流量进行压力校正补偿
容积式	椭圆齿轮流量计	$0.05 \sim 120m^3/h$	$0.2 \sim 0.5$	适用于高黏度介质流量测量	①精度较高； ②计量稳定； ③不适用于含有固体颗粒的流体
	湿式气体流量计	$0.2 \sim 0.5m^3/h$		直接用于测量气体流量，也可作为标准计量仪器以标定其他流量计	①测量气体体积总量，准确度较高； ②小流量时误差较小； ③实验室常用仪表

2.3.1 面积式流量计

转子流量计是常用的面积式流量计，由于使用中当转子处于任一平衡时，其两端压差总是恒定值，所以转子流量计又称衡压差式流量计。

1. 转子流量计的结构

转子流量计的应用很广泛。它分为玻璃管流量计、气远传转子流量计和电远传转子流量计三大系列，其中玻璃管流量计用于现场透明流体介质的就地测量，而后两种转子流量计则可通过气信号或电信号的远传在离现场较远的地方从二次显示仪表上观察流量的大小，此时流体介质不一定非要透明。但是，无论哪种转子流量计，它们的测量原理均相同。

玻璃转子流量计主要由支承连接件、锥形管、转子三部分组成。

(1)支承连接件：根据不同型号和口径，有法兰连接、螺纹连接和软管连接。

(2)锥形管：通常用高硼硬质玻璃制成，也有用有机玻璃制造的。

(3)转子：常有两种形状。图2-11(a)多用于其他流量测量。图2-11(b)多用于流体大流量测量。转子的材料视被测介质的性质和所测流量的大小而定，有铜、铝、塑料和不锈钢等。转子可制成空心和实心。

2. 转子流量计的工作原理

(a)用于其他流量测量

(b)用于流体大流量测量

图2-11 转子

转子流量计是一个由下往上逐渐扩大的锥形管(通常用玻璃制成，锥度为40′~3°)；另一个是放在锥形管内可自由运动的转子。工作时，被测流体(气体或液体)由锥形管下部进入，沿着锥形管向上运动，流过转子与锥形管之间的环隙，再从锥形管上部流出。当流体流过锥形管时，位于锥形管中的转子受到一个向上的"冲力"，使转子浮起。当这个力正好等于浸没在流体里的转子质量(等于转子质量减去流体对转子的浮力)时，则作用在转子上的上下两个力达到平衡，此时转子就停浮在一定的高度上。假如被测流体的流量突然由小变大时，作用在转子上的"冲力"就加大。因为转子在流体中的质量是不变的(作用在转子上的向下力是不变的)，所以转子上升。由于转子在锥形管中位置升高，造成转子与锥形管间的环隙增大(流通面积增大)，随着环隙增大，流体流过环隙时的流速降低，因而"冲力"

也降低，当"冲力"再次等于转子在流体中的质量时，转子又稳定在一个新的高度上。这样，转子在锥形管中的平衡位置的高低与被测介质的流量大小相对应。如果在锥形管外沿其高度刻上对应的流量值，那么根据转子平衡位置的高低即可直接读出流量的大小。这就是转子流量计测量的基本原理。

转子流量计中转子的平衡条件是：转子在流体中的质量等于流体对转子的"冲力"，由于流体的"冲力"实际上是流体在转子上、下的静压降与转子截面积的乘积，所以转子在流体中的平衡条件为：

$$V_{转}(\rho_{转} - \rho)g = (p_1 - p_2)A_{转} \qquad (2-6)$$

式中　$V_{转}$——转子的体积，m^3；

　　　$\rho_{转}$——转子材料的密度，kg/m^3；

　　　ρ——被测流体的密度，kg/m^3；

　　　g——重力加速度，m/s^2；

p_1、p_2——分别为转子上、下流体作用在转子上的静压强，Pa；

　　　$A_{转}$——转子的最大横截面积，m^2。

由于在测量过程中，$V_{转}$、$\rho_{转}$、ρ、$A_{转}$ 均为常数，所以 $p_1 - p_2$ 也应为常数。也就是说，在转子流量计中，流体压降是固定不变的。所以，转子流量计是恒定压降变节流面积法测量流量。

由流体力学原理可知，压力差 $p_1 - p_2$ 可用流体流过转子和锥形管环隙时的速度来表示：

$$p_1 - p_2 = \xi \frac{\rho u^2}{2} \qquad (2-7)$$

式中　ξ——阻力系数，与转子的形状、流体的黏度等有关，无因次；

　　　u——流体流过环隙时的流速，m/s。

由式(2-6)与式(2-7)可求得流过环隙截面流体的流速为：

$$u = \sqrt{\frac{2V_{转}(\rho_{转} - \rho)g}{\xi \rho A_{转}}} \qquad (2-8)$$

若用 A_0 表示转子与锥形管间环隙的截面积，用 $\varphi = \dfrac{1}{\xi}$ 代表校正因数，即可求出流过转子流量计的流体质量流量：

$$G = u\rho A_0 = \varphi A_0 \sqrt{\frac{2V_{转}(\rho_{转} - \rho)\rho g}{A_{转}}} \qquad (2-9)$$

或用体积流量表示：

$$Q = uA_0 = \varphi A_0 \sqrt{\frac{2V_{转}(\rho_{转} - \rho)g}{\rho A_{转}}} \qquad (2-10)$$

对于一定的仪表，φ 是个常数。从式(2-9)和式(2-10)可以看出，当用转子流量计来测量某种流体流量时，流过转子流量计的流量只与转子和锥形管间环隙截面积 $A_{转}$ 有关。由于锥形管由下往上逐渐扩大，所以 $A_{转}$ 是与转子浮起的高度有关。这样，根据转子的高度就可判断被测介质的流量大小。

3. 转子流量计的安装和使用

(1)转子流量计必须垂直安装，流体必须自下而上通过锥形管。进出口应有5倍管道直径以上的直管段。

(2)仪表应安装在没有振动并便于维修的地方。在生产管线上安装时，应加装与仪器并联的旁路管道，以便在检修仪表时不影响生产的正常进行。在仪表启动时，应先由旁路运行，待仪表前后管道内充满流体时再将仪表投入使用并关断旁路，以避免仪器因受冲击而损坏，安装前应清洗管道，以防管道内残存的杂质进入仪表而影响正常工作。

（3）转子对沾污比较敏感，如果黏附有污垢则转子质量、环形通道的截面积就会发生变化，有时还可能出现转子不能上下垂直浮动的情况，从而引起测量误差。

（4）安装玻璃管式浮子流量计时，应将其上、下管道固定牢靠，切不可让仪表来承受管道质量。当被测流体温度高于70℃时，应加装保护罩，以防仪表的玻璃管遇冷炸裂。

（5）调节或控制流量不宜迅速开启阀门，由于流速突然过大的冲击，会使转子冲到顶部卡住或受损。

（6）转子流量计只适于测量洁净的流体流量，测量有杂质的流体需在转子流量计前加装过滤器。

4. 转子流量计流量指示值修正

转子流量计是一种非标准化仪表，每台转子流量计都附有出厂标定的流量数据。对用于测量液体的流量计，制造厂是在常温（20℃）下用水标定的；对用于测量气体的流量计，则是用标准状态（20℃，$1.013 \times 10^5 Pa$）下空气进行标定的。然而在实际使用时，由于被测介质与标定状态不同（液体不是水，气体不是空气，密度不同）和所处的工作状态（温度和压力）的不同，使转子流量计的指示值和被测介质实际流量值之间存在一定的差别。为此，必须对流量指示值按照被测介质的密度、温度、压力等参数的不同或变动进行修正。

对于液体介质，可用式（2-11）进行修正：

$$V = V_0 \sqrt{\frac{\rho_0(\rho_{\text{转}} - \rho)}{\rho_1(\rho_{\text{转}} - \rho_1)}} \qquad (2-11)$$

式中　V——被测介质的实际流量；

$\quad\quad V_0$——仪表用水标定的读数；

$\quad\quad \rho_{\text{转}}$——转子的密度；

$\quad\quad \rho_0$——出厂标定时水的密度；

$\quad\quad \rho_1$——被测介质的密度。

对于气体介质，修正公式如式（2-12）所示：

$$V = V_0 \sqrt{\frac{\rho_0 p_0 T_1}{\rho_1 p_1 T_0}} \qquad (2-12)$$

式中　V、ρ_1、p_1、T_1——工作状态下气体的体积流量、密度、压力、温度；

$\quad\quad V_0$、ρ_0、p_0、T_0——标定状态下气体的体积流量、密度、压力、温度。

2.3.2　压差式流量计

压差式流量计利用流体流经节流装置或匀速管时产生的压力差来实现流量测量。其中用节流装置和压差计所组成的压差式流量计，是目前工业生产中应用最广泛的一种流量测量仪表，它使用历史悠久，已积累了丰富的实践经验和完整的实验资料，节流装置的设计计算都有统一的标准规定。因此，可根据计算结果直接进行制造和使用，不必用实验方法进行单独标定。通用的节流装置有孔板、喷嘴、文丘里管和文丘里喷嘴等，其中前两种最常用，如图 2 – 12、图 2 – 13 所示。

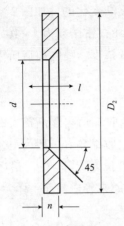

图 2 – 12　孔板的结构

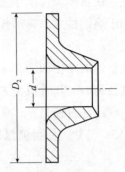

图 2 – 13　喷嘴的结构

这里只着重介绍节流装置和压差计的有关内容。

1. 节流现象及其原理

连续流动的流体遇到安装在管道内的节流装置时（节流装置中间有个圆孔，孔径比管道内径小），流体流通面积突然缩小，流体的流速增大，挤过节流孔，形成流束收缩。当挤过节流孔后，流速由于流通面积的变大和流束的扩大而流速降低。同时，在节流装置前后管壁处的流体静压力产生差异，形成静压差，即节流现象。因此，节流装置的作用在于造成流束的局部收缩，从而产生压差。流过的流量越大，在节流装置前后所产生的压差也越大，因此可通过测量压差来计算流体流量的大小。

流体流过节流装置产生压差的原理称为节流原理。流体流过节流装置所产生的压差和流量的关系式如下：

$$V = C_0 A_0 \sqrt{\frac{2gR(\rho_0 - \rho)}{\rho}} \qquad (2 – 13)$$

2. 常用的节流元件和取压方式

（1）节流元件

①孔板

标准孔板的形状如图 2 – 12 所示。它是一带有圆孔的板，圆孔与管道同心，直角入口边缘非常锐利。

标准孔板的进口圆筒部分应与管道同心安装。孔板必须与管道轴线垂直，其偏差不得超过 ±1°。孔板材料一般是不锈钢、铜或硬铝。

孔板的特点：结构简单、易加工、造价低，但能量损失大于喷嘴和文丘里管流量计。

孔板安装应注意方向，不得装反。加工时要求严格，直角入口边缘要锐利、无毛刺等，否则将影响测量精度。因此，对于在测量过程中易使节流元件变脏、磨损和变形的脏污或腐蚀性介质不宜使用孔板。

②喷嘴

标准喷嘴是一块带短喇叭的圆板，流入面的截面是逐渐变化的，如图 2－13 所示。喷嘴适用的管道直径 D 为 50～1000mm。孔径比为 0.32～0.8，雷诺数为 $2\times10^4～2\times10^6$。

喷嘴特点：能量损失仅次于文丘里管，有较高的测量精度，喷嘴前后所需的直管长度较短，可适用于腐蚀性大、易磨损和脏污的被测介质。

③文丘里管

文丘里流量计的结构如图 2－14 所示。它是一段逐渐收缩后再逐渐扩大的管道，上游进口截面的直径为 D、截面积为 F_1，然后是一个收缩段，收缩角 β 一般为 19°～23°。中间有一段平直的喉道，直径为 d，截面积为 F_2，喉道平直段长度 L 等于 d。最后是一段扩张段，扩张角为 5°～15°，使得流量计的管道逐渐过渡到与原来管道截面一样大小。

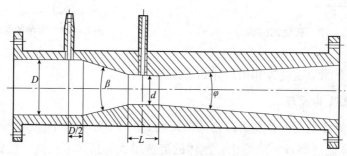

图 2－14　文丘里流量计结构

流体经过收缩段加速减压，使喉道处静压小于上游进口截面的静压，流速越大，喉道与上游截面之间的静压差越大，静压差反映了管道内流量的大小，在进口段取静压 p_1，在喉道处取静压 p_2。文丘里管前后分别有长 8D 与 5D 的光滑直管段，喉道截面与管道截面之比 A_1/A_2 一般在 0.2～0.5。

文丘里管特点：能量损失是各种节流元件中最小的，流体流过文丘里管后压力基本能恢复。文丘里管制造工艺复杂，成本高。

（2）取压方式

节流装置的取压方式很多，当采用的取压方式不同时，其流量系数也不相同。就孔板而言，大致有角接取压法、法兰取压法、理论取压法和径距取压法 4 种，尤以角接取压法和法兰取压法两种方式应用最广泛。

①角接取压法

角接取压法的具体结构形式有两种：环室的和单独钻孔的取压法，如图 2－15 所示。

环室取压是一种最为普遍采用的取压方法，在加工制造和安装质量严格确保的前提下，这种取压方法能得到较高的测量精度。当节流装置前后直管段长度能满足要求时，也可采用单独钻孔方式取压。但要注意的是，钻孔的最远边缘和节流装置端面的距离应不超过 0.03D。钻孔孔径应不超过 0.03D，但不小于 4mm，又不大于 15mm（D 为管道内径）。

②法兰取压法

法兰取压的具体尺寸是上下游取压中心均位于距孔板两侧相应端面 25.4mm 处，如

图 2-16 所示。法兰取压法加工、安装方便，目前，法兰取压法在工业上的应用已相当普遍。

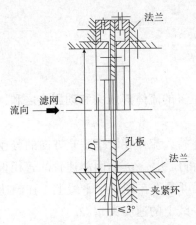

图 2-15　角接取压法

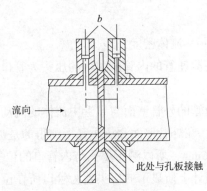

图 2-16　法兰取压标准孔板

③理论取压法

理论取压法上游取压管中心位于距孔板前端面 $1.0D$ 处，下游取压管中心位于流束最小截面处(缩脉处)，在推导节流装置理论方程时，用的是这两个截面取出的压力差，所以称为理论取压法。但是，孔板后缩脉最小截面积与孔径比和流量有关，随着孔径比和流量的不同，缩脉截面始终在变化，而取压点只能选在一个固定位置，因此，在整个流量测量范围内，流量系数不能保持恒定。另外，由于取压点远离孔板端面，难以实现环室取压，对测压准确性会带来一定的影响，理论取压法的优点是所测得的压差较大。

④径距取压法

径距取压法上游取在管中心位于距离孔板前端面 $1.0D$ 处，下游端取压管中心距离孔板前端面 $0.5D$ 处，所以径距取压法也称 $1.0 \sim 0.5D$ 取压法。一般径距取压法测得的差压值较理论取压法小。

3. 测速管(皮托管)

测速管又名皮托管，是用来测量导管中流体的点速度的，其构造如图 2-17 所示。

测速管由两根弯成直角的同心套管组成。外管管口是封闭的，在外管壁面四周开有测压小孔，外管及内管的末端分别与液柱压强计相连接。测速管的管口正对着导管中流体流动的方向，在测量过程中，测速管内充满被测量的流体。设在测速管口前面一小段距离点 1 处的流速为 u_1，静压强为 p_1，当流体流过测速管时因受到测速管口的阻挡，使点 1 至测速管口点 2

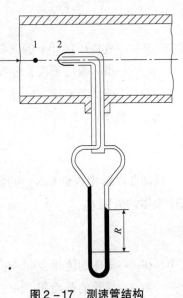

图 2-17　测速管结构

间的流速逐渐变慢，而静压强则升高，在管口点 2 处的流速 u_2 为零（因测速管内的流体是不流动的），静压强增至 p_2。管口上流体静压头的增高由于点 1 至点 2 间流体的速度头转化而来，所以，在点 2 上所测得的流体静压头为：

$$\frac{p_2}{\rho g} = \frac{p_1}{\rho g} + \frac{u_1^2}{2g} \tag{2-14}$$

式中　ρ——流体密度，kg/m^3。

即在测速管的内管所测得的压头为管口所在位置的流体静压头和动压头之和，合称为冲压头。

测速管的外管壁面与导管中流体的流动方向平行，流体在管壁垂直方向的分速度等于 0，所以，在外管壁面测压小孔上测得的是流体的静压头 $p_1/\rho g$。因测速管的管径很小，一般为 5~6mm，所以测压小孔与内管口的位置高度可看作在同一水平线上。在测速管末端液柱压强计上所显示的压头差为管口所在位置水平线上的速度头 $u_1^2/2g$：

$$\Delta h = \frac{p_2}{\rho g} - \frac{p_1}{\rho g} = \frac{p_1}{\rho g} + \frac{u_1^2}{2g} - \frac{p_1}{\rho g} = \frac{u_1^2}{2g} \tag{2-15}$$

或

$$u_1 = \sqrt{2g\Delta h} \tag{2-16}$$

式中　u_1——测速管口所在位置水平线上流体的点速度，m/s；

h——液体压强计的压头差，m 流体柱；

g——重力加速度，$g = 9.81 m/s^2$。

如果将测速管的管口对准导管中心线，此时，所测得的点速度为导管截面上流体的最大速度 u_{max}，仿照式（2-16）可写出：

$$u_1 = \sqrt{2g\Delta h} = \sqrt{\frac{2gR(\rho_0 - \rho)}{\rho}} \tag{2-17}$$

式中　R——液柱压强计上的读数，m；

ρ_0——指示液的密度，kg/m^3；

ρ——流体的密度，kg/m^3。

由 u_{max} 算出：

$$Re_{max} = \frac{d u_{max} \rho}{\mu} \tag{2-18}$$

从图 2-18 中查到 u/u_{max} 的数值，即可求得导管截面上流体的平均速度 $\bar{u}$，于是，导管中流体的流量为：

$$Q = Au = \frac{\pi}{4}d^2 u \tag{2-19}$$

式中　Q——流体的流量，m^3/s；

A——导管的截面积，m^2；

d——导管的内径，m。

为提高测量的准确性，测速管须装在直管部分，并且与直管的轴线相平行。管口至能

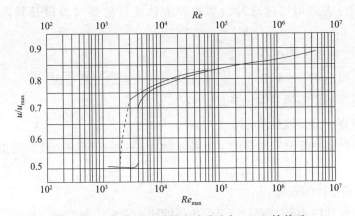

图2-18 平均流速对最大流速比与 Re_{max} 的关系

产生涡流的地方(如弯头、大小头和阀门等),必须大于 $50D$ 长度,在这种条件下,流体在直管中的速度分布是稳定的,在直管中心线上所测定的点速度才是最大速度。测速管在使用前必须校正。

测速管装置简单,对于流体的压头损失很小,其特点是只能测定点速度,可用来测定流体的速度分布曲线。

2.3.3 速度式流量计

1. 涡轮式流量计

涡轮式流量计是一种速度式流量仪表,它具有测量精度高、反应快、耐压高等特点,因而在工业生产中的应用日益广泛。

(1)涡轮流量变送器的结构和原理

①涡轮式流量计的结构

涡轮流量变送器的结构如图2-19所示。将涡轮置于摩擦力很小的滚珠轴承中,由磁钢和感应线圈组成的磁电装置装在磁电感应转换器的壳体上。当流体流过变送器时,推动涡轮转动,并在磁电感应转换器感应出电脉冲信号,放大后送入显示仪表。

②涡轮式流量计的原理

流体流经变送器时,涡轮转动使导磁的叶片周期性

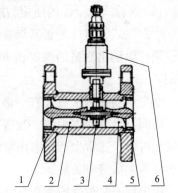

图2-19 涡轮流量变送器的结构
1—壳体组件;2—前导向架组件;
3—涡轮组件;4—后导向架组件;
5—压紧圈;6—带放大器的磁电
感应转换器

地改变检测器中磁路的磁阻值,使通过感应圈的磁通量随之变化。这样,在感应线圈的两端即产生电脉冲信号。在一定的流量范围内,该电脉冲的频率 f 与流经变送器介质的体积流量 Q 成正比,即:

$$f = K \cdot Q \qquad (2-20)$$

式中 K——比例常数。

这样，显示仪表即可通过脉冲次数求得流体流过的瞬时流量及某段时间内的积累流量。

（2）涡轮式流量计的特点

①精度高，可达到 0.5 级以上，故可作为流量的准确计量仪表。

②反应迅速，适用于测量脉动流量。

③量程范围宽，刻度线性。

选购 LW 系列涡轮流量变送器的主要技术数据是：测量范围（最大流量和最小流量）、口径、压力。

（3）涡轮式流量计的安装

①涡轮式流量计应水平安装，管道中流体的流动方向应与变送器标牌上箭头的方向一致，进、出口处前后的直管段应不小于 $15D$ 和 $5D$，调节流量的阀门应在后直管段 $5D$ 以外处。

②为避免流体中的杂质如颗粒、纤维、铁磁物等堵塞涡轮叶片和减少轴承磨损，安装时应在变送器前的直管段前部安装 20~60 目的过滤器，要求管径小的目数密，管径大的目数稀。过滤器在使用一段时间后，根据具体情况定期拆下清洗。

③变送器应安装在不受外界电磁场影响的地方，否则应在变送器的磁电感应转换器上加设屏蔽罩。

④涡轮流量变送器与二次显示仪表均应有良好的接地，连接电缆应采用屏蔽电缆。

（4）涡轮式流量计的使用与维护

①涡轮式流量计变送器与显示仪表连接使用，通常采用数字式频率积算仪作为二次显示仪表，以测出流量的瞬时值和积累值。频率积算仪的产品型号很多，这里不做详细的介绍。

②变送器比例常数 K 在一般情况下，除受介质的黏度影响外，几乎只与其几何参数有关。因而一台变送器设计、制造完成后，其仪表常数即已确定，而这个值是要经过标定才能确切得出，通常生产厂家用常温下的洁净水对出厂涡轮变送器进行标定，并在校验单上给出仪表常数等有关数据。

由于仪表常数受被测介质黏度变化的影响，因而用户测量黏度不大于 10^{-2} Pa·s 的液体流量时，若涡轮流量变送器公称直径 $D_g \geqslant 25$ mm，则可直接使用生产厂用水标定的结果，否则要想保证有足够精确的测量结果，用户应用实测介质重新标定仪表常数。

③由于变送器在工作时叶轮高速旋转，即使润滑情况良好时也仍有磨损产生。这样，在使用过一段时间后，因磨损致使涡轮变送器不能正常工作，应更换轴或轴承，并经重新标定后才能使用。

2. 电磁流量计

电磁流量计是应用导电流体在磁场中运动产生感应电势原理的一种仪表，由电磁感应定律可知，导体在磁场中运动而切割磁力线，在导体中会有感应电势产生，感应电势与体积流量具有线性关系，因此在管道两侧各插入一根电极，可引出感应电势，由仪表指示流量的大小，凡是导电液体均可用电磁流量计进行计量，其应用范围较广，能够用来测量各种腐蚀性的酸、碱、盐溶液及含有固体颗粒，如泥浆或纤维的导电液体的流量。由于电磁流量计本身容易消毒，它又可用于有特殊卫生要求的医药工业和食品工业等方面的流量测量，如血浆、牛奶、果汁、酒类等。此外，它也可用于自来水和污水的大型管道的流量测量。

2.3.4　容积式流量计

1. 椭圆齿轮流量计

椭圆齿轮流量计是容积式流量计的一种，用于精密地连续或间断地测量管道中液体的流量或瞬时流量。它特别适用于重油、聚乙烯醇、树脂等黏度较高介质的流量测量。

2. 湿式流量计

湿式流量计属于容积式流量计。它是实验室常用的一种仪器，主要由圆鼓形壳体、转鼓及传动计数机构组成，如图 2-20 所示。转鼓由圆筒及 4 个弯曲形状的叶片构成，4 个叶片构成 4 个体积相等的小室。鼓的下半部浸在水中。充水量由水位器指示。气体从背部中间的进气管处依次进入一室，并相继由顶部排出时，迫使转鼓转动。由转动的次数，通过计数机构在表盘上由计数器和指针显示体积。配合秒表计时。可直接测定气体流量。

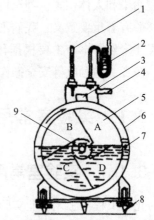

图 2-20　湿式流量计结构
1—温度计；2—压差计；3—水平仪；
4—排气管；5—转鼓；6—壳体；
7—水位器；8—可调支脚；9—进气管

由图 2-20 可以看到，工作时，气体由进气管进入，B 室正在进气，C 室开始进气，而 D 室排气将尽。湿式气体流量计可直接用于测量气体流量，也可用来作标准仪器以检定其他流量计。

第3章 实验室安全知识

实验室安全与环保潜在各种危害因素。这些潜在的危害因素可能引发各种事故，造成环境污染和人体伤害，甚至可能危及人的生命安全。实验室安全技术和环境保护对开展科学实验有着重要意义，我们不但要掌握这方面的有关知识，而且应该在实验中加以重视，防患于未然。本节主要根据化学工程与工艺专业实验中存在的不安全因素，对防火、防爆、防毒、防触电等安全操作知识及防止环境污染等内容进行基本介绍。

3.1 实验室常用危险品及安全操作

3.1.1 实验室常用危险品的分类

化学工程与工艺专业实验室常有易燃、易爆物质及有毒物质，归纳起来主要有以下几类。

1. 可燃气体

凡是遇火、受热或与氧化剂相接触能引起燃烧或爆炸的气体称为可燃气体，如氢气、甲烷、乙烯、煤气、液化石油、一氧化碳等。

2. 可燃液体

容易燃烧而在常温下呈液态，具有挥发性，闪点低的物质称为可燃液体，如乙醚、丙酮、汽油、苯、乙醇、环己烷、甲醇、甲醛等。

3. 可燃性固体物质

凡遇火、受热、撞击、摩擦或与氧化剂接触能着火的固体，如木材、油漆、石蜡、合成纤维等。

4. 爆炸性物质

在热力学上很不稳定，受到轻微摩擦、撞击、高温等因素的激发而发生激烈的化学变化，在极短时间内放出大量气体和热量，同时伴有热和光等效应产生的物质。如过氧化物、氮的卤化物、硝基或亚硝基化合物、乙炔类化合物等。

5. 自燃物质

有些物质在没有任何外界热源的作用下，由于自行发热和向外散热，当热量积蓄升温到一定程度能自行燃烧的物质，如磁带、胶片、油布、油纸等。

6. 有毒物品

某些侵入人体后在一定条件下破坏人体正常生理机能的物质称为有毒物质，分类如下。

（1）窒息性毒物：氮气、氢气、一氧化碳等；

（2）刺激性毒物：酸类蒸气、氯气等；

（3）麻醉性或神经毒物：芳香类化合物、醇类化合物、苯胺等；

（4）其他无机及有机毒物，指对人体作用不能归入上述三类的无机毒物和有机毒物。

在使用这些气体之前，了解药品的性能，如毒性、易燃性和易爆性等。并搞清楚其使用方法和防护措施。在化工专业实验中，应尽量避免水银压差计，一旦使用也要慎重操作，开关阀门要缓慢，防止冲走压差计中的水银。操作过程要小心，不要碰破压差计。一旦水银被冲洒出来，一定要认真地尽可能地将它收集起来。无法收集的细粒，要用硫黄粉和氯化铁溶液覆盖。化工实验中所用的气体种类较多，一类是具有刺激性的气体，如氨、二氧化硫等，这类气体的泄漏一般容易被发觉。另一类是无色无味，但有毒性或易燃易爆的气体，如一氧化碳、氢气等，一氧化碳不仅易中毒，而且在室温下空气中的爆炸范围为 $12\% \sim 74\%$，氢在室温下空气中的爆炸范围为 $4\% \sim 74\%$。当气体和空气的混合物在爆炸范围内，只要有火花等诱发因素，就会立即爆炸。因此，使用有毒或易燃、易爆气体时，系统一定要严密不漏，尾气要导出室外，并注意室内通风。

3.1.2　安全操作注意事项

（1）化工工艺专业实验接触部分易燃、易爆、易中毒的物质如氢气、半水煤气、丙酮、乙醇、苯等，故实验室内禁止使用明火，应保持室内通风良好。

（2）处理易燃液体，严禁用直接火加热（应用水浴、油浴、沙浴或封闭式电炉），蒸馏低沸点液体，受器应放在冰水浴中冷却，防止蒸气逸出，引起火灾。用电炉加热时，电炉下必须用石棉板或砖垫好，以保护桌面。

（3）处理酸碱溶液和溴等物质时，应戴好胶皮手套、护目镜，防止烧伤皮肤或溅入眼中，不慎接触或溅入眼中时要用大量水冲洗后，再以中和剂中和，切勿揉擦。

（4）禁止用嘴吸移液管吸取各种化学试剂或溶液，应用吸耳球吸液。

（5）处理有毒或刺激性物质如溴等，应在通风柜中进行，要防止逸入室内。

（6）废品及药品一律倾入废液缸中，切勿倒入水槽，以防腐蚀下水管道。

（7）使用实验室中无标签或标注不清药品时，应问明教师，征得同意方可动用。

3.2　防燃、防爆的措施

3.2.1　有效控制易燃物及助燃物

部分可燃气体和蒸气的爆炸极限见表 3 – 1。

表3-1　部分可燃物物质的爆炸极限

分子式	物质名称	在空气中的爆炸极限/%	
		下限	上限
CH_4	甲烷	5.3	15
C_2H_6	乙烷	3.0	16.0
C_3H_8	丙烷	2.1	9.5
C_4H_{10}	丁烷	1.5	8.5
C_5H_{12}	戊烷	1.7	9.8
C_6H_{14}	己烷	1.2	6.9
C_2H_4	乙烯	2.7	36.0
C_3H_6	丙烯	1.0	15.0
C_2H_2	乙炔	2.1	80.0
C_3H_4	丙炔(甲基乙炔)	1.7	无资料
C_4H_6	1,3-丁二烯(联乙烯)	1.4	16.3
CO	一氧化碳	12.5	74.2
C_2H_6O	甲醚；二甲醚	3.4	27.0
C_3H_6O	乙烯基甲醚	2.6	39.0
C_2H_4O	环氧乙烷；氧化乙烯	3.0	100.0
CH_3Cl	甲基氯；氯甲烷	7.0	19.0
C_2H_5Cl	氯乙烷；乙基氯	3.6	14.8
H_2	氢	4.1	74
NH_3	氨；氨气	15.7	27.4
CS_2	二硫化碳	1.00	60.0
C_6H_6	苯	1.2	8.0
CH_3OH	甲醇	5.5	44.0
H_2S	硫化氢	4.0	46.0
C_2H_3Cl	氯乙烯	3.6	31.0
HCN	氰化氢	5.6	40.0
C_2H_7N	二甲胺(无水)	2.8	14.4
C_3H_9N	三甲胺(无水)	2.0	11.6

化工类实验室防燃、防爆，最根本的是对易燃物和易爆物的用量和蒸气浓度要有效控制。

（1）控制易燃、易爆物的用量。原则上是用多少领多少，不用的要存放在安全地方。

（2）加强室内的通风。主要是控制易燃易爆物质在空气中的浓度，一般要小于或等于爆炸下限的1/4。

（3）加强密闭。在使用和处理易燃易爆物质(气体、液体、粉尘)时，加强容器、设备、管道的密闭性，防止泄漏。

（4）充惰性气体。在爆炸性混合物中充惰性气体，可缩小以至消除爆炸范围和制止火焰的蔓延。

3.2.2 消除点燃源

（1）管理好明火及高温表面，在有易燃易爆物质的场所，严禁明火(如电热板、开式电炉、电烘箱、马弗炉、煤气灯等)及白炽灯照明。

（2）严禁在实验室内吸烟。

（3）避免摩擦和冲击，摩擦和冲击过程中会产生过热甚至发生火花。

（4）严禁各类电气火花，包括高压电火花放电、弧光放电、电接点微弱火花等。

3.3 消防措施

专业实验室中发生火灾大都由明火、电火花、可燃物自燃、危险品相互作用及操作不慎或违反操作规程等而引起，故实验时要求思想集中，避免事故，万一发生事故，应镇静并及时扑救，防止事故的扩大。

3.3.1 消防的基本方法

消防的基本方法有以下三种：

（1）隔离法。将火源处或周围的可燃物撤离或隔开，由于燃烧区缺少可燃物，燃烧停止。

（2）冷却法。降低燃烧物的燃点温度是灭火的主要手段，常用的冷却剂是水和 CO_2。

（3）窒息法。冲淡空气使燃烧物质得不到足够的氧而熄灭，如用黄砂、石棉毯、湿麻袋等覆盖，以及用 CO_2、惰性气体等隔绝。但对爆炸性物质起火不能用窒息法，若用了窒息法会阻止气体的扩散而增加了爆炸的破坏力。

实验室常用灭火器材有水、CO_2、CCl_4、惰性气体、沙、土等。具体情况和灭火方法如表3-2所示。

表3-2 实验室灭火方法

燃烧物	灭火法	原理与说明
羊毛、纸张、纺织物、废物一类的普通易燃物	沙、水、碱酸灭火机	隔绝空气、降温
石油、油、苯、油漆、油脂一类	二氧化碳灭火机、石棉布或普通麻袋	适用于室内一切珍贵物件或仪器上灭火隔绝空气
醇、醚类	水	冲洗、降温、隔绝氧

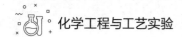

续表

燃烧物	灭火法	原理与说明
在电表等仪器上或附近的燃烧	四氯化碳、溴代甲烷、二氧化碳灭火机	不导电、对人安全
电动机(仪器)		使用沙、水及泡沫会损坏仪器
可燃性气体	任何液体或气体灭火剂	关闭气源,尽量不通空气,注意可能与空气混合后所引起的爆炸
钠、钾、碳化物、磷化物等与水起反应而形成的燃烧	干砂	使用水或泡沫反而会助长火灾,卤代烃与轻金属能起强烈反应

用水方便且经济,但对金属钠、钾、锌粉、无水 $AlCl_3$、生石灰等不能用水灭火,它们易与水发生反应,大量放热并放出自燃或助燃气体,应用化学方法灭火,或用沙子扑灭。易燃液体如汽油、苯、丙酮、乙醇等比水轻,禁用水灭火,以防火势蔓延,应用泡沫灭火剂扑灭,CCl_4 灭火器灭火效果更好。易燃易爆的气体着火时应用干粉灭火剂或泡沫灭火剂扑灭。

电器设备或带电设备应绝缘操作,着火时应先切断电源,在带电现场用水灭火会造成触电或爆炸事故,此时应用 CCl_4 或惰性气体、CO_2 等扑救。失火时应特别镇静,及时扑救,并移走易燃物质;火势太大时应报告消防队,绝不应私离现场使火势扩大,造成国家财产损失。

3.3.2 灭火器材的使用方法

(1)拿起软管,把喷嘴对着着火点,拔出保险销,用力压下并抓住杠杆压把,灭火剂即喷出。

(2)用完后要排除剩余压力,待重新装入灭火剂后备用。

3.4 有毒物质的基本预防措施

3.4.1 在使用有毒物质时应采取的基本预防措施

(1)实验室中有毒物侵入人体有三个途径:皮肤、消化道、呼吸道。使用有毒物时要准备好或戴上防毒面具、橡皮手套,有时要穿防毒服装。

(2)实验室内严禁吃东西,离开实验室应洗手,如面部或身体被污染必须进行清洗。

(3)实验装置尽可能密闭,防止冲、溢、跑、冒事故发生。

(4)采用通风、排毒、隔离等安全防范措施。

(5)尽可能用无毒或低毒物质替代高毒物质。

3.4.2　汞的安全使用

汞是实验室常用的液体金属，应熟悉其性质，正确使用。

汞在常温可生成蒸气，相对密度为13.6，冰点为-40℃，沸点为357.2℃，汞蒸气比空气重1倍，可通过呼吸道吸入人体而中毒。也可经消化道随饮食而误食，汞还可被皮肤直接吸收而中毒。为此使用汞时应注意：

(1)不使汞直接暴露于空气中，汞容器中如U形压力计，应在汞的上面加水，以防蒸气挥发。

(2)倒汞时应垫上瓷盘(盘中盛水)，在倒汞上水封时，应先在瓷盘上把水倒入瓷盘中，再把水倒入槽中。

(3)盛汞仪器下面一律用沙浴托住，以防因破裂或不慎使汞撒落桌面、地面上。

(4)流撒的汞要尽可能收集，微小粒子用汞齐金属(Cu片、Zn片)扫取，最后用硫黄粉覆盖以摩擦之，使之成为HgS，也可用$KMnO_4$溶液使汞氧化。

(5)盛汞容器避免受热，严禁将盛汞容器放入烘箱。

(6)皮肤破损切勿接触汞，有汞的室内应注意通风(汞最大安全浓度为$0.1mg/m^3$；20℃时汞饱和蒸气压为0.16Pa，每立方米含量比安全浓度大100倍)。

3.5　安全用电常识

电是实验室必不可少的能源之一，无论是加热还是各种仪器设备的运转都要用电。电气对人体的危害及防护电气事故与一般事故的差异在于没有某种预兆下瞬间就发生，而造成的伤害较大甚至危及生命。电对人的伤害可分为内伤与外伤两种，可单独发生，也可同时发生。因此，掌握一定的电气安全知识是十分必要的。

3.5.1　电伤危险因素

电流通过人体某一部分即为触电。触电是最直接的电气事故，常常是致命的。其伤害的大小与电流强度的大小、触电作用时间及人体的电阻等因素有关。实验室常用电气为220～380V，频率为50Hz的交流电，人体的心脏每跳动1次0.1～0.2s的间歇时间，此时对电流最为敏感，因此当电流经人体脊柱和心脏时其危害极大。

3.5.2　防止触电注意事项

(1)电气设备要有可靠接地线，一般要用三眼插座。所用仪器的导线要经常检查，发现有裸露金属导线要及时包好再用，以防触电或短路。仪器运转过程中发现异常要立即断电，检查处理。

(2)加热设备如电炉等，靠近木器部分要用石棉布、石棉板或砖隔开，以防烧坏家具，甚至发生火灾。

(3)安装漏电保护装置。一般规定其动作电流不超过30mA，切断电源时间应低于0.1s。

(4)实验室内严禁随意拖拉电线。配电盘上，不可接入超负荷的电气设备，以防配电盘超载烧毁或过热起火。更换熔丝时，应按原负荷选用合适的熔丝，不得加大或用其他金属丝代替。检查仪器线路是否漏电，应使用试电笔；开关电闸时不要面对闸刀，以免电火花烧伤眼睛。检查电气设备或电机是否发热时，要用手背触试外壳，不可用手掌触试，以免因设备漏电，使手发生痉挛而握紧设备，发生人身事故。

(5)对使用高电压、大电流的实验，至少要由2人进行操作。

(6)在接通电源前，必须认真检查电气设备和电路是否符合规定要求，对于直流电设备应检查正负极是否接对。必须搞清楚整套实验装置的启动和停车操作顺序，以及紧急停车的方法。

(7)一般不带电操作。除非在特殊情况下需带电操作，必须穿上绝缘胶鞋及戴橡皮手套等防护用具。严禁用湿手去接触电闸、开关和任何电器。电气设备要保持干燥清洁。打扫卫生时切不可将水溅到电源插座或仪器上，也不要用湿布擦拭，以免触电或烧坏仪器。

(8)合闸动作要快，要合得牢。合闸后若发现异常声音或气味，应立即拉闸，进行检查。

(9)必须按照规定的电流限额用电。严禁私自加粗熔丝或用其他金属丝代替熔丝。当熔丝熔断后，一定要查找原因，消除隐患，而后再换上新的熔丝。

(10)离开实验室前，必须把分管本实验室的总电闸拉下。

3.6 高压容器安全技术

3.6.1 高压钢瓶

高压钢瓶是一种储存各种压缩气体或液化气的高压容器。高压容器一般分成两大类：固定式和移动式。钢瓶一般容积为40~60L，最高工作压力为15MPa，最低的也在0.6MPa以上。瓶内压力很高，并且储存的气体本身某些是有毒或易燃易爆气体，故使用钢瓶一定要掌握其构造特点和安全知识，以确保安全。钢瓶主要由筒体和瓶阀构成，其他附件还有保护瓶阀的安全帽、开启瓶阀的手轮、使运输过程中不受震动的橡胶圈。另外，在使用时瓶阀出口还要连接减压阀和压力表(俗称气表)。标准高压钢瓶按国家标准制造，经有关部门严格检验方可使用。各种钢瓶使用过程中，还必须定期送有关部门进行水压试验。经过检验合格的钢瓶，在瓶肩上用钢印打上下列信息：①制造厂家；②制造日期；③钢瓶型号和编号；④钢瓶质量；⑤钢瓶容积；⑥工作压力；⑦水压试验压力、水压试验日期和下次送检日期。各类钢瓶的表面都应涂上一定颜色的油漆，其目的不仅是防锈，主要是能从颜色上迅速辨别钢瓶中所贮气体的种类，以免混淆。根据GB 7144—2016《气瓶颜色标志》，充装常用气体的气瓶颜色标志见表3-3。

表3-3 气瓶颜色标志

充装气体名称	化学式	气瓶颜色	字样	字样颜色	色环
空气	Air	黑	空气	白	$p=20\text{MPa}$，白色单环
氩	Ar	银灰	氩	深绿	$p\geq30\text{MPa}$，白色双环
氟	F_2	白	氟	黑	
氦气	He	银灰	氦	深绿	$p=20\text{MPa}$，白色单环
氮气	N_2	黑	氮	白	$p\geq30\text{MPa}$，白色双环
氧气	O_2	淡蓝	氧	黑	
氢气	H_2	淡绿	氢	大红	$p=20\text{MPa}$，大红单环 $p\geq30\text{MPa}$，大红双环
甲烷	CH_4	棕	甲烷	白	$p=20\text{MPa}$，白色单环 $p\geq30\text{MPa}$，白色双环
天然气	CNG	棕	天然气	白	白
氯气	Cl_2	深绿	液氯	白	白
氨气	NH_3	淡黄	液氨	黑	
1-丁烯	C_4H_8	棕	液化丁烯	淡黄	
一氧化碳	CO	银灰	一氧化碳	大红	
二氧化碳	CO_2	铝白	液化二氧化碳	黑	$p=20\text{MPa}$，黑色单环
乙烯	C_2H_4	棕	液化乙烯	淡黄	$p=15\text{MPa}$，白色单环 $p=20\text{MPa}$，白色双环
乙炔	C_2H_2	白	液化乙炔 不可近火	大红	

为确保安全，在使用钢瓶时，要注意以下几点。

(1)当钢瓶受到明火或阳光等热辐射的作用时，气体因受热而膨胀，使瓶内压力增大。当压力超过工作压力时，就有可能发生爆炸。因此，钢瓶离配电源至少5m，室内严禁明火。钢瓶直立放置并加固，在钢瓶运输、保存和使用时，应远离热源(明火、暖气、炉子等)，并避免长期在日光下曝晒，尤其在夏天更应注意。

(2)钢瓶即使在温度不高的情况下受到猛烈撞击，或不小心将其碰倒跌落，都有可能引起爆炸。因此，钢瓶在运输过程中，要轻搬轻放，避免跌落撞击，使用时要固定牢靠，防止碰倒。更不允许用锤子、扳手等金属器具敲打钢瓶。

(3)瓶阀是钢瓶中关键部件，必须保护好，否则将会发生事故。

①若瓶内存放的是氧气、氢气、二氧化碳和二氧化硫等，瓶阀应用铜和钢制成。若瓶内存放的是氨，则瓶阀必须用钢制成，以防腐蚀。

②使用钢瓶时，必须用专用的减压阀和压力表。尤其是氢气和氧气不能互换，为防止氢和氧两类气体的减压阀混用造成事故，氢气表或氧气表的表盘上都注明氢气表或氧气表的字样。氢气及其他可燃气体瓶阀，连接减压阀的连接管为左旋螺纹；而氧气等不可燃气

体瓶阀，连接管为右旋螺纹。

③氧气瓶阀严禁接触油脂。因为高压氧气与油脂相遇，会引起燃烧，以致爆炸。开关氧气瓶时，切莫用带油污的手和扳手。

④要注意保护瓶阀。开关瓶阀时一定要搞清楚方向后缓慢转动，旋转方向错误或用力过猛会使螺纹受损，可能冲脱而出，造成重大事故。关闭瓶阀时，不漏气即可，不要关得过紧。用完或搬运时，一定要安上保护瓶阀的安全帽。

⑤瓶阀发生故障时，应立即报告指导教师。严禁擅自拆卸瓶阀上任何零件。

(4)当钢瓶安装好减压阀和连接管线后，每次使用前都要在瓶阀附近用肥皂水检查，确认不漏气才能使用。对于有毒或易燃易爆气体的钢瓶，除保证严密不漏外，最好单独放置在远离实验室的小屋里。

(5)开启钢瓶时，操作者应侧对气体出口处，在减压阀与钢瓶接口处无漏情况下，应首先打开钢瓶阀，然后调节减压阀。关气应先关闭钢瓶阀，放尽减压阀中余气，再松开减压阀螺杆。

(6)钢瓶内气体(液体)不得用尽；低压液化气瓶余压在 0.3 ~ 0.5MPa 内，高压气瓶余压在 0.5MPa 左右，防止其他气体倒灌。

(7)钢瓶必须严格按期检验。

3.6.2 高压釜使用注意事项

(1)高压釜应放置在符合防爆要求的高压操作室内，室内应通风良好。

(2)釜盖与釜体的密封面要保持清洁，密封面必须用软布擦拭干净。

(3)装卸釜盖时，一定要轻拿轻放，绝对不可碰撞密封面。

(4)拧紧螺母时，必须按对角多次逐步拧紧，不允许釜盖向一边倾斜。

(5)升温速度不得大于 100℃/h，加压亦应缓慢进行。

(6)降温时，要自然降温，不可速降，以防因过大的温差应力使釜体激裂。

(7)关闭针形阀时不可用力过猛，也不可拧得太紧，以防磨损密封面。

(8)开启时，要等温度降低后再放出高压气体，压力降至常压后再对称均匀拧松螺母。

(9)高压釜使用完毕，要清洗干净。高压釜所有密封面要仔细清洗，不准用硬物或表面粗糙之物摩擦，以免磨损密封面。

第4章　热力学实验

实验一　二氧化碳 $p-V-T$ 关系测定及临界状态观测实验

【实验目的】

(1)学习和掌握纯物质的 $p-V-T$ 关系曲线测定方法和原理。

(2)观察纯物质临界乳光现象、整体相变现象、气-液两相模糊不清现象,增强对临界状态的感性认识和热力学基本概念的理解。

(3)测定纯物质的 pVT 数据,在 $p-V$ 图上绘出纯物质等温线。

(4)学会活塞式压力计、恒温器等热工仪器的正确使用方法。

【实验原理】

本实验的纯物质采用高纯度的 CO_2 气体。严格遵从气态方程 $pV_m = RT$ 的气体,叫作理想气体,而实际气体由于气体分子体积和分子之间存在相互作用力,状态参数压力(p)、温度(T)、比容(V)之间的关系不再遵循理想气体方程——$pV_m = RT$。考虑上述两方面的影响,1873 年,范德华对理想气体状态方程做了修正,提出如式(1)所示的修正方程:

$$\left(p + \frac{a}{V^2}\right)(V - b) = RT \tag{1}$$

式中　a/V^2——分子力的修正项;

　　　b——分子体积的修正项。

从式(1)可看出,简单可压缩系统工质处于平衡态时,状态参数压力 p、比容 V 和温度 T 之间存在确定关系,即 $F(p, V, T) = 0$ 或 $p = f(V, T)$。当保持任意一个参数恒定时,测出其余两个参数之间的关系,即可求出工质状态变换规律。例如,保持温度不变,测定压力和比容之间的对应数值,即可得到等温线数据,绘制等温曲线。

本实验测量 $T > T_c$,$T = T_c$,$T < T_c$ 三种温度条件下的等温线。图 1 所示为 CO_2 的标准试验曲线。当温度较高时,该 CO_2 实际气体的等温线是一条光滑曲线;当温度较低时,等温线上有一水平线段,反映气液相变化的特征,水平线段的两个端点分别代表互为共轭的饱和气体和饱和液体。随着温度升高,相变过程的直线段逐渐缩短,最后汇聚为一个点,该点即为临界点,该点的温度、压力、体积则相应的分别称为临界温度、临界压力和临界体积。CO_2 的临界压力 p_{cr} 为 7.52MPa,临界温度 T_{cr} 为 31.1℃。当处于临界状态时,饱和液体和饱和气体之间的界限已完全消失,呈模糊状态。临界点是物质固有的特征参数,温

度低于临界点是气体液化的必要条件，温度、压力高于临界点的流体称为超临界流体。

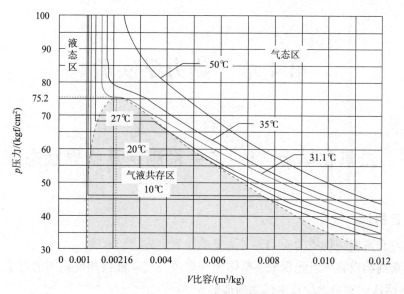

图 1　CO_2 标准试验曲线

【实验装置及流程】

整个实验装置由压力台、恒温器和试验台本体及其防护罩三大部分组成，如图 2 所示，试验台本体结构如图 3 所示。装置使用说明可扫描图 4 所示二维码获得。

在实验中，由压力台油缸送来的压力油进入高压容器和玻璃杯上半部，迫使水银进入预先装有高纯度 CO_2 气体的承压毛细玻璃管，CO_2 气体被压缩，其压力和容积通过压力台上活塞杆的进、退来调节。温度由恒温器供给的水套里的水温调节，水套的恒温水由恒温浴供给。

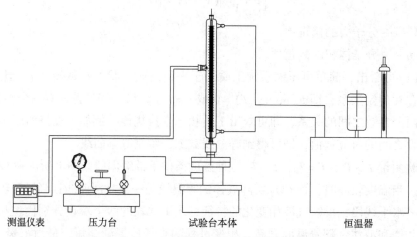

测温仪表　　压力台　　　试验台本体　　　　恒温器

图 2　CO_2 $p-V-T$ 关系测定及临界状态观测实验
装置实验台系统

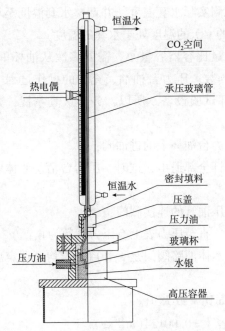

图3　CO_2 $p-V-T$关系测定及临界状态观测实验
装置试验台本体

图4　$p-V-T$关系测定及临界状态
观测实验装置使用说明视频二维码

CO_2的压力由装在压力台上的精密压力表读出(注意：绝压 = 表压 + 大气压)，温度由插在恒温水套中的温度传感器读出，比容由CO_2柱的高度除以质面比常数计算得到。具体如下：

由于充入承压玻璃管内的CO_2质量不便于测定，而玻璃管内径或截面积也不易准确测量，因而实验中采用间接方法来确定比容：认为CO_2比容与其在承压玻璃管内的高度之间存在线性关系：

测定该实验台CO_2在25℃、7.8MPa下的液柱高度，记为Δh^*(m)；

已知$T = 25$℃、$p = 7.8$MPa 时，$V = \dfrac{\Delta h^* \cdot A}{m} = 0.00124(\mathrm{m^3/kg})$

$$\frac{m}{A} = \frac{\Delta h^*}{0.00124} = k\,(\mathrm{kg/m^2}) \tag{2}$$

则任意温度、压力下，CO_2的比容为：

$$V = \frac{h - h_0}{m/A} = \frac{\Delta h}{k}\,(\mathrm{m^3/kg}) \tag{3}$$

式中　$\Delta h = h_0 - h$——任意温度压力下CO_2柱的高度，m；

　　　h——任意温度压力下水银柱的高度，m；

　　　h_0——承压玻璃管内径顶端刻度，m。

【实验步骤】

(1)启动装置总电源，开启试验本体上 LED 灯。

(2)恒温水浴恒温操作。调节恒温水浴水位至离盖 30～50mm，打开恒温水浴开关，按水浴操作说明进行温度调节至所需温度，观测实际水套温度，并调整水套温度至尽可能靠近所需实验温度(可近似认为承压玻璃管内的CO_2的温度处于水套的温度)。

（3）加压前的准备。因为压力台的油缸容量比容器容量小，需要多次从油杯里抽油，再向主容器管充油，才能在压力表显示压力读数。压力台抽油、充油的操作过程非常重要，若操作失误，不但加不上压力，还会损坏试验设备。所以，务必认真掌握，其步骤如下：

①关闭压力台至加压油管的阀门，开启压力台油杯上的进油阀；

②摇退压力台上的活塞螺杆，直至活塞螺杆全部退出，这时，压力台活塞腔体中抽满了油；

③先关闭油杯阀门，然后开启压力台和高压油管的连接阀门；

④摇进活塞螺杆，使本体充油，如此交复，直至压力表上有压力读数为止；

⑤再次检查油杯阀门是否关好，压力表及本体油路阀门是否开启，若均已调定后，即可进行实验。

（4）测定承压玻璃管(毛细管)内CO_2的质面比常数K值。

①恒温到25℃，加压到7.8MPa，此时比容$V = 0.00124(m^3/kg)$。

②稳定后记录此时的水银柱高度h和毛细管柱顶端高度h_0，根据公式换算质面比常数。

（5）测定低于临界温度$t = 10℃$、20℃、25℃、29℃时的等温线。

①将恒温器调定在$t = 20℃$，并保持恒温。

②逐渐增加压力，压力在3MPa左右(毛细管下部出现水银液面)开始读取相应水银柱上液面刻度，记录第一个数据点。

③根据标准曲线结合实际观察毛细管内物质状态，若处于单相区，则按压力间隔0.3MPa左右提高压力；当观测到毛细管内出现液柱，则按每提高液柱5~10mm，记录一次数据；达到稳定时，读取相应水银柱上液面刻度。注意：加压时，应足够缓慢地摇进活塞杆，以保证定温条件。

④再次处于单相区时，逐次提高压力，按压力间隔0.3MPa左右升压，直到压力达到9.0MPa左右为止，在操作过程中记录相关压力和刻度。

（6）测定临界等温线和临界参数，并观察临界现象。

①将恒温水浴调至31.1℃，按上述方法和步骤测出临界等温线，注意在曲线的拐点(7.5~7.8MPa)附近，应缓慢调节压力(调节间隔可在5mm刻度)，较准确地确定临界压力和临界比容，以及描绘出临界等温线上的拐点。

②观察临界现象。

临界乳光现象。将水温加热到临界温度(31.1℃)并保持温度不变，摇进压力台上的活塞螺杆使压力升至7.8MPa附近，然后摇退活塞螺杆(注意勿使实验本体晃动)降压，在此瞬间玻璃管内将出现圆锥状乳白色的闪光现象，这就是临界乳光现象。这是由CO_2分子受重力场作用沿高度分布不均和光的散射所造成的，可以反复几次来观察这一现象。

整体相变现象。由于在临界点时，汽化潜热等于零，饱和蒸气线和饱和液相线接近合于一点。这时气液的相互转变不是像临界温度以下时那样逐渐积累，需要一定的时间，表现为渐变过程；而这时当压力稍有变化时，气液是以突变的形式相互转化。

气液两相模糊不清的现象。处于临界点的 CO_2 具有共同参数(p, V, T)，因而不能区别此时 CO_2 是气态还是液态。如果说它是气体，那么，这个气体是接近液态的气体；如果说它是液体，那么，这个液体又是接近气态的液体。处于临界温度附近，如果按等温线过程，使 CO_2 压缩或膨胀，则管内是什么也看不到的。现在，按绝热过程来进行。先调节压力等于7.8MPa附近，突然降压(由于压力很快下降，毛细管内的 CO_2 未能与外界进行充分的热交换，其温度下降)，CO_2 状态点不是沿等温线，而是沿绝热线降到二相区，管内 CO_2 出现明显的液面。这就是说，如果这时管内的 CO_2 是气体，那么，这种气体离液相区很接近，是接近液态的气体；当膨胀后，突然压缩 CO_2 时，这个液面又立即消失了。也就是说，这时 CO_2 液体离气相区也很接近，是接近气态的液体。此时 CO_2 既接近气态，又接近液态，所以只能是处于临界点附近。临界状态的流体是一种气液分不清的流体。这就是临界点附近气液模糊不清的现象。

(7)测定高于临界温度($T = 40℃$、$50℃$)时的定温线。

将恒温水浴调至40℃，按上述方法和步骤测出等温线。

【数据记录与处理】

(1)质面比常数 K 值计算如表1所示。

表1 质面比常数 K 值计算

温度/℃	压力/atm	Δh^*/mm	CO_2 比容/(m³/kg)	K/(kg/m³)

(2)记录不同温度下的 $p-h$ 数据如表2所示。

表2 不同温度下的 $p-h$ 数据

序号	温度/℃							
	10		20		25		29	
	水银高/mm	压力/MPa	水银高/mm	压力/MPa	水银高/mm	压力/MPa	水银高/mm	压力/MPa
1								
2								
3								
4								
...								

序号	温度/℃							
	31.1		40		50			
	水银高/mm	压力/MPa	水银高/mm	压力/MPa	水银高/mm	压力/MPa		
1								
2								
3								
4								
…								

（3）对记录数据进行处理并列入表格如表 3 所示。

表 3   数据处理

序号	温度/℃							
	10		20		25		29	
	比容/(m^3/kg)	绝对压力/MPa	比容/(m^3/kg)	绝对压力/MPa	比容/(m^3/kg)	绝对压力/MPa	比容/(m^3/kg)	绝对压力/MPa
1								
2								
3								
4								
…								

序号	温度/℃					
	31.1		40		50	
	比容/(m^3/kg)	绝对压力/MPa	比容/(m^3/kg)	绝对压力/MPa	比容/(m^3/kg)	绝对压力/MPa
1						
2						
3						
4						
…						

（4）作出 $V-p$ 曲线，并与理论曲线对比，分析其中的异同点。

【实验结果和讨论】

1. 实验结果

绘出实验数据处理结果，并进行说明。

2. 讨论

(1)试分析实验误差和引起误差的原因。

(2)指出实验操作应注意的问题。

3. 思考题

(1)质面比常数 K 值对实验结果有何影响？为什么？

(2)为什么在测量20℃下的等温线时，出现第一小液滴的压力和最后一个小气泡将消失时的压力应相等(试用相律分析)？

【注意事项】

(1)实验压力不能超过9.8MPa。

(2)应缓慢摇进活塞螺杆，否则来不及平衡，难以保证恒温恒压条件。

(3)在将要出现液相、存在气液两相和气相将完全消失及接近临界点的情况下，升压间隔要很小，升压速度要缓慢。严格来讲，温度一定时，在气液两相同时存在的情况下，压力应保持不变。

(4)压力表读得的读数是表压，数据处理时应按绝对压力。

实验二　二元系统气液平衡数据测定实验

【实验目的】

(1)了解和掌握用双循环气液平衡器测定二元气液平衡数据的方法。

(2)从实验测得的 $T-p-x-y$ 数据计算各组分的活度系数。

(3)学会二元气液平衡相图的绘制。

(4)掌握恒温水浴使用方法和用阿贝折光仪分析组成的方法。

(5)弘扬党的二十大精神，继续坚持"绿水青山就是金山银山"的理念，对实验产生的废液进行环保回收。

【实验原理】

在化学工业中，蒸馏、吸收过程的工艺和设备设计都需要准确的气液平衡数据，此数据对提供最佳化的操作条件，减少能源消耗和降低成本等，具有重要意义。尽管有许多体系的平衡数据可以从资料中找到，但这往往是在特定温度和压力下的数据。随着科学的迅速发展，以及新产品、新工艺的开发，许多物系的平衡数据还未经前人测定过，这都需要通过实验测定以满足工程计算的需要。此外，在溶液理论研究中提出了各种各样描述溶液内部分子间相互作用的模型，准确的平衡数据是对这些模型可靠性进行检验的重要依据。

平衡数据实验测定方法有两类，即间接法和直接法。直接法中又有静态法、流动法和循环法等。其中循环法应用最为广泛。若要测得准确的气液平衡数据，平衡釜是关键。现已有的平衡釜形式多样，而且各有特点，应根据待测物系的特征，选择适当的釜型。用常规的平衡釜测定平衡数据，需样品量多，测定时间长。本实验用的小型平衡釜的主要特点是釜外有真空夹套保温，釜内液体和气体分别形成循环系统，可观察釜内的实验现象，且样品用量少，达到平衡速度快，因而实验时间短。

气液平衡数据实验测定是在一定温度压力下，在已建立气液相平衡的体系中，分别取出汽相和液相样品，测定其浓度。本实验采用循环法。所测定的体系为乙醇(1)－环己烷(2)，样品分析采用阿贝折光仪分析方法。

以循环法测定气液平衡数据的平衡器类型很多，但基本原理一致。如图1所示，当体系达到平衡时，A、B容器中的组成不随时间而变化，这时从 A 和 B 两容器中取样分析，可得到一组气液平衡实验数据。当达到平衡时，除两相的压力和温度分别相等外，每一组分的化学位也相等，即逸度相等，其热力学基本关系为：

$$f_i^L = f_i^V \tag{1}$$

$$\phi_i p y_i = \gamma_i f_i^0 x_i$$

常压下，气相可视为理想气体，$\phi_i = 1$；再忽略压力对液体逸度的影响，$f_i^0 = p_i^0$ 从而得出低压下气液平衡关系式为：

$$p y_i = \gamma_i p_i^0 x_i \tag{2}$$

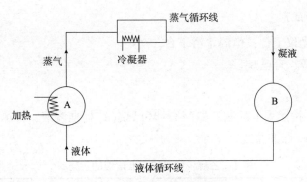

图1 循环法测定气液平衡

式中　p——体系压力(总压)，mmHg；

　　p_i^0——纯组分i在平衡温度下饱和蒸气压，可用安托尼(Antoine)公式计算；

　x_i、y_i——分别为组分i在液相和气相中的摩尔分率；

　　γ_i——组分i的活度系数。

$$\gamma_i = \frac{py_i}{x_i p_i^0} \tag{3}$$

由实验测得等压下气液平衡数据，则可计算出不同组成下的活度系数。

【实验装置】

1. 二元气液平衡装置

二元气液平衡装置示意如图2所示，包括气液平衡釜1台。电加热方式，能够调整加热功率，方便控制加热速度，釜外真空夹套保温。装置使用说明视频可扫描图3所示的二维码获得。

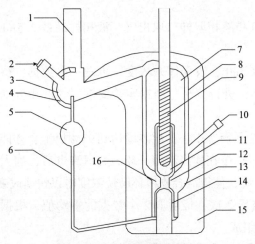

图2　二元气液平衡装置示意

图3　二元气液平衡装置
使用说明视频二维码

1—磨口；2—气液取样口；3—气液贮液槽；4—连通管；
5—缓冲球；6—回流管；7—平衡室；8—钟罩；9—温度计套管；
10—液相取样口；11—液相贮液槽；12—提升管；
13—沸腾室；14—加热套管；15—真空夹套；16—加料液面

2. 其他仪器和试剂

仪器：阿贝折光仪 1 台；恒温水浴 1 台。

试剂：无水乙醇、环己烷。

【实验步骤】

(1) 准备工作：按照表 1 配制乙醇(1) – 环己烷(2) 标准溶液，并测量其在 30℃ 下的折光系数，得到 $n_D - x_2$ 标准曲线。

表 1　乙醇 – 环己烷标准溶液的折光率

乙醇体积/mL					
环己烷体积/mL					
环己烷摩尔分数/%					
折射率					

将 $n_D - x_2$ 数据关联回归，得到方程式(4)：

$$n_D = Ax_2 + B \tag{4}$$

式中，A、B 为常数。

通过测定未知液折光率 n_D，再根据方程(4)，可计算出未知液中环己烷浓度。

(2) 加料：向平衡釜内加入无水乙醇约 45mL。

(3) 开启冷凝水，接通电源加热，开始加热电压给到 50V，5min 后给到 30V，再等 5min 后慢慢调到 50V 左右即可，以平衡釜内液体能沸腾为准。稳定回流 20min 左右，以建立平衡状态。

(4) 读数：认为稳定后的沸腾温度为平衡温度 $t(℃)$，由于测定时平衡釜直通大气，所以平衡压力为实验时的大气压 $p(mmHg)$。

(5) 取样：分别在平衡釜的气相取样口和液相取样口取出气、液相样品各 2.5mL，于干燥、洁净的取样瓶中。

(6) 然后再由液相取样口加入纯环己烷 5mL，改变体系浓度，再做一组数据，待气液相稳定后，再按照步骤(5)取出气液相样品，进行分析，根据实验要求，气液相分别取若干个样品。

(7) 连续不断重复步骤(5)和(6)，直至平衡釜中环己烷浓度达到 95% 以上，才能做出完整的环己烷 – 乙醇气液平衡曲线。备注：也可在找出乙醇、环己烷恒沸点后，加大取液量，如取出 10mL 样品，再加入 10mL 环己烷，使得混合物中环己烷浓度得以快速改变。

(8) 测量样品的折光系数，每个样品测量 2 次，最后取 2 个数据的平均值，根据关联的 $n_D - x_2$ 方程式，计算气相或液相样品的组成。

(9) 所有试验完成后，将加热及保温电压逐步降低到零，关闭电源；待釜内温度降至室温，关冷却水；整理仪器及试验台。

(10) 实验结束后废液回收至废液桶。

【实验数据处理】

1. 组分在平衡温度下饱和蒸气压计算

采用 Antoine 公式(5)计算组分在一定温度下的饱和蒸气压:

$$\lg p_i^0 = A_i - \frac{B_i}{C_i + t} \tag{5}$$

式中　　p_i^0——组分 i 在平衡温度下的饱和蒸气压,mmHg;

　　　　t——平衡温度,℃;

A_i、B_i、C_i——安托尼常数(表2)。

表2　乙醇、环己烷安托尼常数

组分	A	B	C
乙醇	8.04494	1554.3	222.65
环己烷	6.84498	1203.526	222.863

2. 气液相组成分析

待取出的样品冷却到常温,用滴管吸取部分样品,用阿贝折光仪分析其折光率,然后计算其组成,绘制乙醇 – 环己烷体系在常压下的气液平衡相图。

3. 活度系数计算

$$\gamma_i = \frac{p y_i}{x_i p_i^0} \tag{6}$$

式中　p——总压强,mmHg;

　　　p_i^0——组分 i 在平衡温度下的饱和蒸气压,mmHg;

　　　γ_i——组分 i 活度系数;

　　y_i、x_i——组分 i 气液相组成。

【注意事项】

(1)平衡釜开始加热时电压不宜过大,以防物料冲出。

(2)平衡时间应足够。气液相取样瓶,取样前要检查是否干燥,装样后要保持密封,否则试剂较易挥发。

【思考题】

(1)本实验中气液两相达到平衡的判据是什么?

(2)影响气液平衡数据测量精度的因素是什么?

(3)试举出气液平衡应用的例子。

实验三　三元液液平衡数据测定实验

【实验目的】

(1)采用浊点—物性联合法测定乙醇－环己烷－水三元物系的液液平衡双节点曲线和平衡结线。

(2)掌握实验的基本原理，了解测定方法，熟悉实验技能。

(3)通过实验，学会三角形相图的绘制。

(4)弘扬党的二十大精神，继续坚持"绿水青山就是金山银山"的理念，对实验产生的废液进行环保回收。

【实验原理】

三元液液平衡数据的测定，有两种方法。一种方法是配制一定浓度的三元混合物，在恒定温度下搅拌，使其充分接触，以达到两相平衡。然后静止分层，分别取出两相溶液分析其组成，这种方法可直接测出平衡结线数据，但分析常有困难。另一种方法是先用浊点法测出三元系的溶解度曲线，并确定溶解度曲线上的组成与某一物性(如折光率、密度等)的关系，然后再测定相同温度下平衡结线数据，这时只需根据已确定的曲线来决定两相的组成。

1. 溶解度测定原理

乙醇和环己烷、乙醇和水为互溶体系，而水在环己烷中溶解度很小。一定温度下，向乙醇和环己烷的混合溶液中滴加水到一定量时，原来均匀清晰的溶液开始分裂成水相和油相两相混合物。直观的现象是体系开始变浑浊。本实验先配置乙醇－环己烷溶液，然后加入第三组分水，直到出现浑浊，通过逐一称量各组分来确定平衡组成即溶解度。

2. 平衡结线测定原理

由相律可知，在定温定压下，三元液液平衡体系的自由度 $f = 1$。也就是说，在溶解度曲线上只要确定一个特性值就能确定三元物系的性质，通过测定平衡时上层(油相)、下层(水相)的折光率，并在预先测制的浓度－折光率关系曲线上查得相应组成，便获得平衡结线。

【实验装置】

1. 三元液液平衡数据测定实验装置

实验装置流程如图1所示，恒温釜采用夹套加热保温，加热介质为恒温水，三元体系温度测量采用铂电阻温度传感器，数字显示，三元体系通过磁力搅拌实现混合均匀。装置使用说明视频可扫描图2所示的二维码获得。

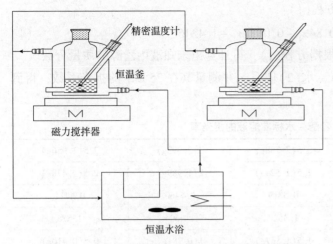

图1 三元液液平衡数据测定实验装置流程示意

图2 三元液液平衡数据测定实验装置使用说明二维码

2. 实验仪器

恒温釜(50mL)2个；磁力搅拌器2个；超级恒温槽1台；温度传感器2个；阿贝折光仪1台；电子天平1台。

3. 试剂

环己烷(分析纯)、无水乙醇(分析纯)、去离子水。

【实验步骤】

(1)实验准备：

①按照表1配制乙醇(1) - 环己烷(2)标准溶液，并测量其在25℃下的折光系数(见表1)，得到组成 - 折光率($x_1 - n_D$)标准曲线，如图3所示。

表1 乙醇 - 环己烷标准溶液的折光率

乙醇体积/mL	1	4(3.151g)	3(2.369g)	2(1.602g)	1(0.818g)	0
环己烷体积/mL	0	1(0.674g)	2(1.461g)	3(2.235g)	4(3.045g)	1
环己烷摩尔分数/%	1	0.8238	0.6185	0.4175	0.2118	0
折射率	1.3598	1.3686	1.3805	1.3931	1.4075	1.4248

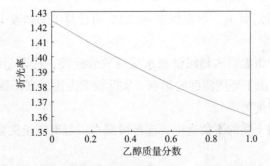

图3 乙醇-环己烷标准溶液组成-折光率标准曲线

将 $x_1 - n_D$ 数据关联回归，得到方程（1）：

$$n_D = 0.0184x_1^2 - 0.0831x_1 + 1.4246 \qquad (1)$$

通过测定未知液折光率 n_D，再根据方程（1），可计算出未知液中乙醇的质量分数。

②同理，按照表 2 配置乙醇（1）-水（2）体系，并测量其在 25℃下的折光系数，得到 $x_1 - n_D$ 标准曲线，如图 4 所示。

表 2　乙醇-水标准溶液的折光率

乙醇体积/mL	4(3.157g)	3.5(2.768g)	3(2.392g)	2.5(1.956g)
水体积/mL	1(0.997g)	1.5(1.524g)	2(1.989g)	2.5(2.478g)
乙醇质量分数/%	0.7600	0.5819	0.5460	0.4411
折光率	1.3631	1.3620	1.3604	13578
乙醇体积/mL	2(1.479g)	1.5(1.167g)	1(0.781g)	0.5(0.410g)
水体积/mL	3(2.951g)	3.5(3.459g)	4(4.031g)	4.5(4.505g)
乙醇质量分数/%	0.3339	0.2523	0.1623	0.0834
折光率	1.3538	1.3494	1.3431	1.337

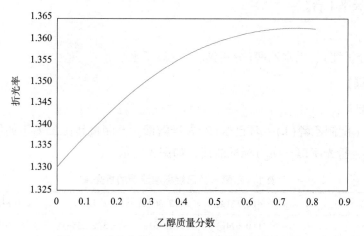

图 4　乙醇-水标准溶液组成-折光率标准曲线

将 $x_1 - n_D$ 数据关联回归，得到方程（2）：

$$n_D = -0.0614x_1^2 + 0.0895x_1 + 1.3304 \qquad (2)$$

通过测定未知液折光率 n_D，再根据方程（2），可计算出未知液中乙醇的质量分数。

（2）三相溶解度测定：

①将阿贝折光仪、恒温釜和超级恒温水槽用软管连接，打开超级恒温水槽加热开关，设定恒温水温度 25℃（由于环境温度的影响，实际设置温度会高于或低于 25℃，以阿贝折光仪、恒温釜的实际温度为准）。

②将磁子放入清洁干燥的平衡釜中，连接恒温水浴与平衡釜夹套，用固定夹固定住平衡釜，通恒温水恒温。

③将约 20mL 环己烷准确测量其质量，倒入平衡釜；然后量取约 10mL 的无水乙醇，

准确测量其质量，倒入平衡釜；打开磁力搅拌器搅拌，使其混合均匀。

④用医用注射器抽取约 1mL 去离子水用吸水纸轻轻擦去针头外的水，在电子天平上称重记下质量。将注射器里的水缓缓向釜内滴加，仔细观察溶液，当溶液开始浑浊时，立即停止滴水，将注射器轻微倒抽，以便使针头上的水抽回，然后再次称其质量，计算出滴加水的质量，最后根据环己烷、乙醇、水的质量，计算出浊点的组成。不停地改变环己烷或乙醇的量，重复以上操作，可测得一系列溶解度数据，绘在三角形相图上，形成一条溶解度曲线，如图 5 所示。

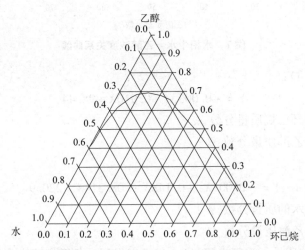

图5　乙醇－环己烷－水三元溶解度曲线

（3）平衡结线测定：

①用注射器抽取约 20mL 的环己烷、10mL 乙醇和 6mL 水，准确称其质量，注入恒温釜内，缓缓搅拌 5min，停止搅拌，静置 10min，充分分层以后，用洁净的注射器分别小心抽取上层和下层样品，测定折光率，对于上层油相样品通过图 3 标准曲线查出乙醇的质量分数，再由图 6 油相环己烷－乙醇浓度曲线计算上层中环己烷浓度，然后用减量法可确定两相中第三组分的浓度，从而得到上层油相的组成；对于下层水相样品，通过图 4 标准曲线查出乙醇的质量分数，再由图 7 计算出水的质量分数，然后用减量法可确定两相中第三组分的浓度，从而得到下层水相的组成。这样就能得到一条平衡结线，三元物系的起始组成应在这条结线上。

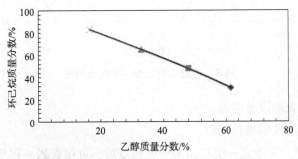

图6　油相中环己烷－乙醇浓度关系曲线

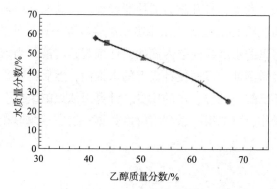

图7　水相中水 – 乙醇浓度关系曲线

拟合得到方程(3)：

$$Y = -0.003X^2 - 0.910X + 98.44 \tag{3}$$

式中　Y——油相中环己烷质量分数,%；

　　　X——油相中乙醇质量分数,%。

拟合得到方程(4)：

$$Y = -0.001X^3 + 0.148X^2 - 08.314X + 220.9 \tag{4}$$

式中　Y——水相中水的质量分数,%；

　　　X——水相中乙醇质量分数,%。

②改变加入水的质量,重复步骤(1),又可以得到一条平衡结线,如图8所示。

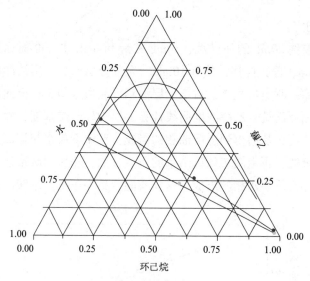

图8　乙醇 – 环己烷 – 水三元相图

(4)实验结束,关闭设备电源。

(5)放出废液至废液桶进行回收。

注：为节省试剂,在做完一组三相溶解度测定后,可接着做一组平衡结线测定,只需将两次用水量相加即可。建议总用水量控制在 4 ~ 9.5mL 范围内。

【数据处理】

1. 实验条件

大气压_____kPa，室温_____℃，平衡釜温度_____℃

2. 乙醇–环己烷–水三元系液液平衡数据表(25℃)

溶解度测定原始数据记录如表3、表4所示。

表3 乙醇–环己烷–水三元系液液溶解度实验原始数据表

序号	乙醇/mL	环己烷/mL	乙醇/g	环己烷/g	水/g
1					
2					
3					
4					
5					
6					
7					
8					
9					
10					
11					
12					

表4 乙醇–环己烷–水三元系液液平衡溶解度实验处理数据表

序号	乙醇质量分数/%	环己烷质量分数/%	水质量分数/%
1			
2			
3			
4			
5			
6			
7			
8			
9			
10			
11			
12			

①根据表中数据作出乙醇－环己烷－水三元体系溶解度光滑曲线。

②根据表格中数据，分别作出油相中环己烷－乙醇浓度关系曲线及水相中水－乙醇浓度关系曲线，并拟合方程。

3. 平衡结线实验数据表，如表5、表6所示。

表5　乙醇－环己烷－水三元系两相实验原始数据表

序号	乙醇/mL	环己烷/mL	水/mL	乙醇/g	环己烷/g	水/g	折光率	
							上层	下层
1								
2								
3								

表6　乙醇－环己烷－水三元系两相实验处理数据表

序号	上层				下层			
	折光率	环己烷质量分数/%	乙醇质量分数/%	水质量分数/%	折光率	环己烷质量分数/%	乙醇质量分数/%	水质量分数/%
1								
2								
3								

根据表中数据可以获得平衡结线。

本实验采用阿贝折光仪对三元组分进行分析，结果均为估算，计算结果有一定误差，但能符合一定规律。

第 5 章　反应工程实验

实验一　单釜/多釜串联混合性能测定实验

【实验目的】

(1)掌握停留时间分布的测定及其数据处理的方法。

(2)对反应器进行模拟计算及其结果的检验。

(3)熟悉由停留时间分布测定结果判定釜式反应器混合状况的方法。

(4)了解单釜反应器、串联釜式反应器对化学反应的影响规律,学会釜式反应器的配置方法。

【实验原理】

化学反应进行的完全程度与反应物料在反应器内停留时间的长短有关,时间越长,反应进行越完全。对于间歇反应器,这个问题比较简单,因为反应物是一次装入,所以在任何时刻下反应器内所有物料在其中的停留时间均相同,不存在停留时间分布问题。对于流动系统,由于流体连续不断流入系统而又连续地从系统流出,且流体在反应器内流速分布不均匀,存在流体扩散及反应器内死区等问题,流体的停留时间问题比较复杂,不像间歇反应器那样是同一个值,由停留时间分布描述。

物料在反应器内的停留时间分布是连续流动反应器的一个重要性质,可定量描述反应器内物料的流动特性。物料在反应器内停留时间不同,其反应程度也不同。通过测定流动反应器停留时间,既可由已知的化学反应速度计算反应器物料的出口浓度、平均转化率,还可了解反应器内物料的流动混合状况,确定实际反应器对理想反应器的偏离程度,从而找出改进和强化反应器的途径。通过测定停留时间分布,求出反应器的流动模型参数,为反应器的设计及放大提供依据。

多釜串联混合性能测定实验装置是测定带搅拌器的釜式液相反应器中物料返混情况的一种设备,它对加深了解釜式与管式反应器的特性是最好的实验手段之一。通常是在固定搅拌转速和液体流量的条件下,加入示踪剂,由各级反应釜流出口测定示踪剂浓度随时间变化曲线,再通过数据处理得以证明返混对釜式反应器的影响,并能通过计算机得到停留时间分布密度函数及单釜与三釜串联流动模型的关系。此外,也可通过其他种类反应器进行对比实验,进而更深刻地理解各种反应器的特性。

停留时间分布测定采用示踪响应法。它的基本思路是:在反应器入口以一定的方式加入示踪剂，然后通过测量反应器出口处示踪剂浓度的变化，间接地描述反应器内流体的停留时间。常用的示踪剂加入方式有脉冲输入、阶跃输入和周期输入等。本实验选用脉冲输入法。脉冲输入法是在极短的时间内，将示踪剂从系统的入口处注入主流体，在不影响主流体原有流动特性的情况下进入反应器。同时，在反应器出口检测示踪剂浓度 $c(t)$ 随时间的变化，如图1所示。

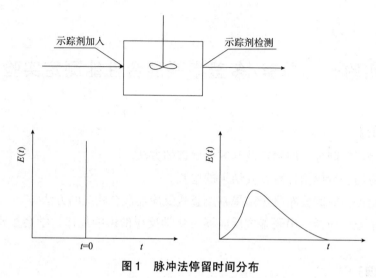

图1　脉冲法停留时间分布

由概率论知识可知，概率分布密度函数 $E(t)$ 是系统的停留时间分布密度函数。因此，$E(t)\,dt$ 代表流体粒子在反应器内停留时间在 t 到 $t+dt$ 的概率。在反应器出口处测得的示踪剂浓度 $c(t)$ 与时间 t 的关系曲线叫作响应曲线。由响应曲线就可以计算出 $E(t)$ 与时间 t 的关系，并绘出 $E(t)-t$ 关系曲线。根据 $E(t)$ 的定义得：

$$QC(t)\,dt = mE(t)\,dt \tag{1}$$

所以

$$E(t) = \frac{QC(t)}{m} \tag{2}$$

式中：Q 为主流体的流量；m 为示踪剂的加入量。由式(2)即可根据响应曲线求停留时间分布密度函数 $E(t)$，由此可由脉冲法直接测得的是 $E(t)$。

关于停留时间分布的另一个统计函数是停留时间分布函数 $F(t)$，即：

$$F(t) = \int_0^t E(t)\,dt \tag{3}$$

用停留时间分布密度函数 $E(t)$ 和停留时间分布函数 $F(t)$ 来描述系统的停留时间，给出了很好的统计分布规律。但是，为比较不同停留时间分布之间的差异，还需要引入另外两个统计特征值，即数学期望和方差。数学期望对停留时间分布而言就是平均停留时间，即：

$$\bar{t} = \frac{\displaystyle\int_0^\infty tE(t)\,dt}{\displaystyle\int_0^\infty E(t)\,dt} = \int_0^\infty tE(t)\,dt \tag{4}$$

方差是和理想反应器模型关系密切的参数，表示对均值的离散程度，方差越大，则分布越宽。它的定义是：

$$\sigma_t^2 = \frac{\int_0^\infty (t-\bar{t})^2 E(t)\,\mathrm{d}t}{\int_0^\infty E(t)\,\mathrm{d}t} = \int_0^\infty (t-\bar{t})^2 E(t)\,\mathrm{d}t = \int_0^\infty t^2 E(t)\,\mathrm{d}t - \bar{t}^2 \tag{5}$$

由式(2)可见，$E(t)$ 与示踪剂浓度 $C(t)$ 成正比。因此，本实验中用水作为连续流动的物料，以饱和 KCl 作示踪剂，在反应器出口处检测溶液电导值。在一定范围内，KCl 浓度与电导值成正比，则可用电导值来表达物料的停留时间变化关系，即 $E(t) \propto L(t)$，这里 $L(t) = L_t - L_\infty$，L_t 为 t 时刻的电导值，L_∞ 为无示踪剂时电导值。

由实验测定的停留时间分布密度函数 $E(t)$，有两个重要的特征值，即平均停留时间 $\bar{t}$ 和方差 σ_t^2，可由实验数据计算得到。若用离散形式表达，并取相同时间间隔 Δt，则：

$$\bar{t} = \frac{\int_0^\infty tC(t)\,\mathrm{d}t}{\int_0^\infty C(t)\,\mathrm{d}t} = \frac{\int_0^\infty tL(t)\,\mathrm{d}t}{\int_0^\infty L(t)\,\mathrm{d}t} = \int_0^\infty tL(t)\,\mathrm{d}t \tag{6}$$

$$\bar{t} = \frac{\sum tC(t)\Delta t}{\sum C(t)\Delta t} = \frac{\sum t \cdot L(t)}{\sum L(t)} \tag{7}$$

$$\sigma_t^2 = \frac{\int_0^\infty t^2 C(t)\,\mathrm{d}t}{\int_0^\infty C(t)\,\mathrm{d}t} - (\bar{t})^2 = \int_0^\infty t^2 C(t)\,\mathrm{d}t - \bar{t}^2 = \int_0^\infty t^2 L(t)\,\mathrm{d}t - \bar{t}^2 \tag{8}$$

$$\sigma_t^2 = \frac{\sum t^2 \cdot c(t)}{\sum c(t)} - \bar{t}^2 = \frac{\sum t^2 \cdot L(t)}{\sum L(t)} - \bar{t}^2 \tag{9}$$

若用无因次对比时间 θ 来表示，即 $\theta = t/\bar{t}$，

无因次方差 $\sigma_\theta^2 = \sigma_t^2/\bar{t}^2$。

在测定一个系统的停留时间分布后，如何来评价其返混程度，则需要用反应器模型来描述，这里采用多釜串联模型。多釜串联模型是将一个实际反应器中的返混情况作为与若干个全混釜串联时的返混程度等效。这里的若干个全混釜个数 n 是虚拟值，并不代表反应器个数，n 称为模型参数。多釜串联模型假定每个反应器为全混釜，反应器之间无返混，每个全混釜体积相同，则可以推导得到多釜串联反应器的停留时间分布函数关系，如图2所示。并得到无因次方差 σ_θ^2 与模型参数 n 的存在关系为：

$$n = \frac{1}{\sigma_\theta^2} = \frac{\bar{t}^2}{\sigma_t^2} \tag{10}$$

当 $n = 1$，$\sigma_\theta^2 = 1$，为全混釜特征；

当 $n \to \infty$，$\sigma_\theta^2 \to 0$，为平推流特征。

当 n 为整数时，代表该非理想流动反应器可以用 n 个等体积的全混流反应器的串联来建立模型。当 n 为非整数时，可用四舍五入的方法近似处理，也可用不等体积的全混流反

应器串联模型。

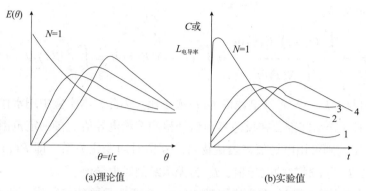

图2　多釜串联的停留时间分布曲线

曲线1、2、3、4分别是多釜的釜1、釜2、釜3、釜4的电导率变化曲线

【预习思考】

（1）为什么要研究停留时间分布和反应器流动模型参数？

（2）示踪响应法的基本思路是什么？

（3）如何通过数学期望和方差来比较不同停留时间分布之间的差异？

（4）单釜和串联釜式反应器的混合效率差异是否会对化学反应产生影响？

（5）设计原始数据记录表。

【实验装置及流程】

1. 实验装置及工艺流程图

多釜串联混合性能测定装置如图3所示。实验装置流程如图4所示。使用说明视频可扫描图5所示二维码获得。

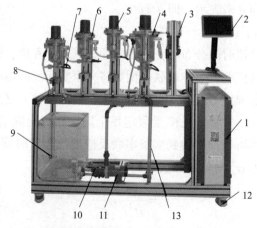

图3　多釜串联混合性能测定装置

1—控制柜；2—触摸屏；3—转子流量计；4—大釜；5—搅拌电动机；6—小釜；7—电极；

8—排气放净阀；9—水箱；10—水箱放净阀；11—水泵；12—水平调节支撑型脚轮；13—透明管路

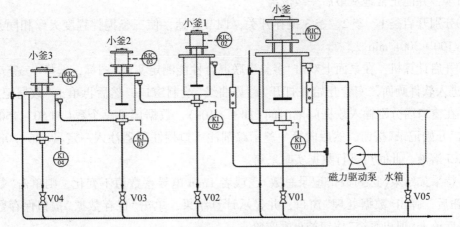

图4 多釜串联混合性能测定装置流程

2. 设备参数

(1)操作温度：常温；操作压力：常压。

(2)单反应釜容积：3L，带搅拌，且搅速可调节。

(3)串联反应釜容积：1L，3个，带搅拌，且搅速可调节。

(4)示踪剂为 KCl 饱和溶液，通过注射器注入反应釜内，混合后由出口处电导仪检测，电导信号反馈到仪表再传输到计算机，记录下电导变化曲线，并计算出平均停留时间和方差。

(5)水流量：5～60L/h。

图5 多釜串联混合性能测定装置使用说明视频二维码

公用设施：

水：装置自带水箱，连接自来水接入。

电：电压 AC220V，功率1.0kW，标准单相三线制。

实验物料：水、KCl。

【实验步骤与方法】

1. 准备工作

(1)配制饱和 KCl 溶液。

(2)检查电极导线连接是否正确。

(3)检查仪表柜内接线有无脱落。

(4)向水箱内注满水，打开泵进口处阀门，检查各个阀门开关状况。

2. 实验

(1)三釜串联实验

①首先点击触摸屏中电导率旁边的"检测"按钮，再点清零，完成对4个电导率的调零。

②按钮将三釜转子流量计维持在15～30L/h（注意：初次通水必须排净管路中的气泡，然后关闭三釜下端的3个排水阀，关闭单釜进水转子流量计的阀门，启动进水泵），使各

釜充满水，并能正常地从最后一级流出。

③分别开启釜1、釜2、釜3搅拌开关，调节转速，使三釜搅拌程度大致相同，转速维持在 $100 \sim 300 \text{r/min}$。

④开启计算机，在桌面上双击"多釜串联混合性能测定实验"图标，选择"三釜串联实验"，进入软件画面，实验开始并打开"趋势曲线"绘制窗口，然后再单击"数据记录"按钮，并在窗口内分别输入数据间隔时间（如 $1 \sim 10 \text{s}$）、数据记录总个数（如 $50 \sim 150$ 个），再单击"开始记录"按钮，然后向第一釜示踪剂注入口用注射器注入一定量（如 1.0mL）的饱和 KCl 溶液，此时可进行数据实时采集。

⑤待采集结束（达到数据记录总数），或者 1min 电导率数值不变化，则单击"数据处理"按钮后，弹出"数据处理"窗口，并显示计算结果，单击"保存数据"按钮保存数据文件，最后单击"退出系统"按钮结束本实验。

⑥改变电动机转数，按照上面相同的步骤重新实验。

⑦改变水流量，按照上面相同的步骤重新实验。

（2）单釜实验

①关闭三釜进水转子流量计的阀门，慢慢打开单釜进水转子流量计的阀门（注意：初次通水必须排净管路中的所有气泡，特别是死角处，最后关闭单釜下端排水阀）。启动水泵，调节水流量维持在 $5 \sim 20 \text{L/h}$。使釜充满水，并能正常地流出。

②开启单（大）釜搅拌开关，调节转速维持在 $100 \sim 300 \text{r/min}$。

③开启计算机，在桌面上双击"多釜串联混合性能测定"图标，选择"单釜实验"，进入单釜实验软件画面，单击"开始实验"按钮，实验开始并打开"趋势曲线"绘制窗口，单击"数据记录"按钮，并在"数据记录"窗口内分别输入数据间隔时间（如 $1 \sim 10 \text{s}$）、数据记录总个数（如 $50 \sim 100$ 个），单击"开始记录"按钮，然后向单（大）釜示踪剂注入口用注射器注入一定量（如 5.0mL）的饱和 KCl 溶液，此时可进行数据的实时采集。

④待采集结束（达到数据记录总数），或者 1min 电导率数值不变化，则单击"数据处理"按钮后，弹出"数据处理"窗口，并显示计算结果，单击"保存数据"按钮保存数据文件，最后单击"退出系统"按钮结束本实验。

（3）停车

①关闭各流量计阀门、电源开关，打开釜底部排水阀 F1 ~ F4，水箱放净阀 F5，将水排空。

②退出实验程序，关闭计算机。

【注意事项】

（1）示踪剂 KCl 的氯离子与搅拌桨长时间接触对其会产生腐蚀，建议实验结束后继续通清水，对釜内壁特别是搅拌桨的叶片进行冲洗，最后将水排净。

（2）在启动加料泵前，必须保证水箱内有水，长期使磁力泵空转会使其温度升高而损坏磁力泵。第一次运行磁力泵，须排除磁力泵内空气。若不进料时应及时关闭进料泵。

（3）开启总电源开关，指示灯不亮或仪表不上电，保险损坏或有断路现象应检查。

（4）搅拌电动机有异常声音，应检查搅拌轴是否处于合适位置，重新调整后可达到正常。

【实验数据处理】

（1）记录实验原始数据。

（2）计算平均停留时间、无因次方差和模型参数 n。

（3）绘制停留时间分度密度函数 $E(t)-t$ 关系曲线。

根据所测的电导率值，根据 $k-c$ 关系式，计算出相应温度下的 $c(t)$ 值，根据以下公式计算 $E(t)$，并绘制 $E(t)-t$ 关系曲线。

并验证理论公式

$$E(t) = \frac{Vc(t)}{M}$$

（4）观察模拟釜数与实际釜数的区别，并分析原因。

【结果与讨论】

（1）课堂讨论题目：评价停留时间、方差和模型参数 n 各自实际意义是什么？

（2）思考题：

①在对装置初次通水时，如何保证管路中的气泡被排净？

②多釜串联的停留时间分布曲线的理论值与实际值有偏差的主要原因是什么？

③观察模拟釜数与实际釜数的区别，并分析原因。

实验二　连续均相管式循环反应器中的返混实验

【实验目的】

(1)了解连续均相管式循环反应器的返混特性。

(2)分析观察连续均相管式循环反应器的流动特征。

(3)研究不同循环比下的返混程度,计算模型参数 n。

【实验原理】

在工业生产上,对某些反应为控制反应物的合适浓度,以便控制温度、转化率和收率,同时需要使物料在反应器内有足够的停留时间,并具有一定的线速度,而将反应物的一部分物料返回反应器进口,使其与新鲜的物料混合再进入反应器进行反应。在连续流动的反应器内,不同停留时间的物料之间的混合称为返混。对于这种反应器循环与返混之间的关系,需要通过实验来测定。

在连续均相管式循环反应器中,若循环流量等于0,则反应器的返混程度与平推流反应器相近,由于管内流体的速度分布和扩散,会造成较小的返混。若有循环操作,则反应器出口的流体被强制返回反应器入口,也就是返混。返混程度的大小与循环流量有关,通常定义循环比 R 为:

$$R = \frac{循环物料的体积流量}{离开反应器物料的体积流量}$$

循环比 R 是连续均相管式循环反应器的重要特征,可自零变至无穷大。

当 $R = 0$ 时,相当于平推流管式反应器。

当 $R = \infty$ 时,相当于全混流反应器。

因此,对于连续均相管式循环反应器,可通过调节循环比 R,得到不同返混程度的反应系统。一般情况下,循环比大于 20 时,系统的返混特性已经非常接近全混流反应器。

返混程度的大小,一般很难直接测定,通常利用物料停留时间分布的测定来研究。然而,在测定不同状态的反应器内停留时间分布时,可以发现,相同的停留时间分布可以有不同的返混情况,即返混与停留时间分布不存在一一对应的关系,因此不能用停留时间分布的实验测定数据直接表示返混程度,而要借助于反应器数学模型来间接表达。

停留时间分布的测定方法有脉冲法、阶跃法等,常用的是脉冲法。当系统达到稳定后,在系统的入口处瞬间注入一定量 Q 的示踪物料,同时开始在出口流体中检测示踪物料的浓度变化。

由停留时间分布密度函数的物理含义,可知:

$$f(t)\,\mathrm{d}t = V \cdot C(t)\,\mathrm{d}t/Q \tag{1}$$

$$Q = \int_0^\infty VC(t)\,\mathrm{d}t \tag{2}$$

所以
$$f(t) = \frac{VC(t)}{\int_0^\infty VC(t)\,\mathrm{d}t} = \frac{C(t)}{\int_0^\infty C(t)\,\mathrm{d}t} \tag{3}$$

由此可见，$f(t)$ 与示踪剂浓度 $C(t)$ 成正比。因此，本实验中用水作为连续流动的物料，以饱和 KNO_3 作示踪剂，在反应器出口处检测溶液电导值。在一定范围内，KNO_3 浓度与电导值成正比，则可用电导值来表示物料的停留时间变化关系，即 $f(t) \propto L(t)$，这里 $L(t) = L_t - L_\infty$，L_t 为 t 时刻的电导值，L_∞ 为无示踪剂时的电导值。

由实验测定的停留时间分布密度函数 $f(t)$，有两个重要的特征值，即平均停留时间 $\bar{t}$ 和方差 σ_t^2，可由实验数据计算得到。若用离散形式表达，并取相同时间间隔 Δt 则：

$$\bar{t} = \frac{\sum tC(t)\Delta t}{\sum C(t)\Delta t} = \frac{\sum t \cdot L(t)}{\sum L(t)} \tag{4}$$

$$\sigma_t^2 \frac{\sum t^2 C(t)}{\sum C(t)} - (\bar{t})^2 = \frac{\sum t^2 L(t)}{\sum L(t)} - \bar{t}^2 \tag{5}$$

若用无因次对比时间 θ 来表示，即：

$$\theta = t/\bar{t} \tag{6}$$

无因次方差：

$$\sigma_\theta^2 = \sigma_t^2/\bar{t}^2 \tag{7}$$

在测定一个系统的停留时间分布后，如何来评价其返混程度，则需要用反应器模型来描述，这里采用多釜串联模型。多釜串联模型是将一个实际反应器中的返混情况作为与若干个全混釜串联时的返混程度等效。这里的若干个全混釜个数 n 是虚拟值，并不代表反应器个数，n 称为模型参数。多釜串联模型假定每个反应器为全混釜，反应器之间无返混，每个全混釜体积相同，则可以推导得到多釜串联反应器的停留时间分布函数关系，并得到无因次方差 σ_θ^2 与模型参数 n 的存在关系为：

$$n = \frac{1}{\sigma_\theta^2} \tag{8}$$

【实验装置及流程】

工艺流程如图1所示。

设备主要部件：

(1)反应管：内径为50mm，高为1200mm，材质为有机玻璃。

(2)反应器内填有 $\phi 5mm \times 5mm$ 的不锈钢 θ 环填料，常温常压使用。

(3)进水泵额定功率为20W，额定流量为8L/min，额定扬程为1.5m。

(4)循环泵额定功率为15W，额定流量为7L/min，额定扬程为4m。

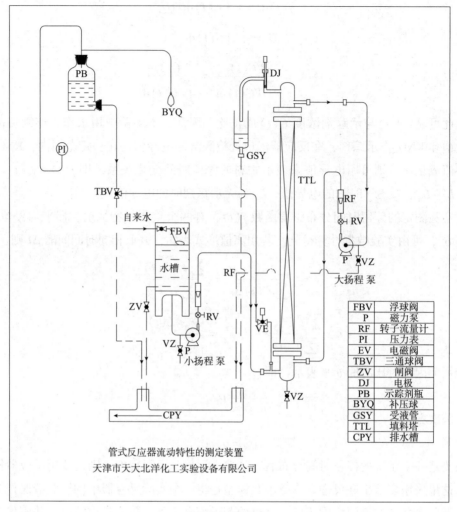

管式反应器流动特性的测定装置
天津市天大北洋化工实验设备有限公司

FBV	浮球阀
P	磁力泵
RF	转子流量计
PI	压力表
EV	电磁阀
TBV	三通球阀
ZV	闸阀
DJ	电极
PB	示踪剂瓶
BYQ	补压球
GSY	受液管
TTL	填料塔
CPY	排水槽

图1　工艺流程

【预习思考】

(1)根据原理，这个实验要想求 $\bar{t}$、σ_t^2 和 n，需要求哪些量？

(2)这些量需要实际测量哪些量可以获得？

【实验步骤与方法】

1. 准备工作

(1)连接好自来水管，向储水罐中注水，备用。

(2)连接好电源线，打开总电源，检查电导率仪和泵是否能正常工作，并设定电导率仪参数，以备测量。

(3)向示踪剂罐中加入适量的示踪剂，并加一定压力。

(4)打开控制软件，设定阀开时间和采集时间间隔。

(5)检查电磁阀是否工作正常。

2. 开车

(1) 打开进水泵开关，调节转子流量计，让水注满反应管，并从塔顶稳定流出，调节进水流量，保持流量稳定。

(2) 待流量稳定后，单击软件左上方的"开始实验"按钮，确认阀开时间和采集时间间隔，实验开始。

(3) 当计算机记录显示的曲线达到开始基线数值时，即为终点。

(4) 改变循环比重复步骤(1)～(3)。

3. 停车

(1) 把控制面板上示踪剂的阀打到清洗位置，打开电磁阀清洗示踪剂管路和电磁阀。

(2) 关闭水源，将设备中的水放净。

(3) 断开电源，关闭计算机。

【实验数据处理】

(1) 将实验结果列表，并记录返混历史曲线；实验过程需要记录起点时间、终点时间和基线。

(2) 根据实验测定的数据，计算 $\bar{t}$、σ_t^2 和 n；

【结果与讨论】

分析偏差原因并讨论实验结果。

实验三　固体小球对流传热系数的测定

　　工程上经常遇到凭借流体宏观运动将热量传给壁面或者由壁面将热量传给流体的过程，此过程通称为对流传热（或对流给热）。显然流体的物性及流体的流动状态还有周围的环境都会影响对流传热。了解与测定各种环境下的对流传热系数具有重要的实际意义。

【实验目的】

　　(1)测定不同环境与小钢球之间的对流传热系数，并对所得结果进行比较。

　　(2)了解非定常态导热的特点及毕渥数(Bi)的物理意义。

　　(3)熟悉流化床和固定床的操作特点。

【实验原理】

　　自然界和工程上，热量传递的机理有传导、对流和辐射。传热时可能有几种机理同时存在，也可能以某种机理为主，不同的机理对应不同的传热方式或规律。

　　当物体中有温差存在时，热量将由高温处向低温处传递，物质的导热性主要是分子传递现象的表现。

　　通过对导热的研究，傅里叶提出：

$$q_y = \frac{Q_y}{A} = -\lambda \frac{\mathrm{d}T}{\mathrm{d}y} \tag{1}$$

式中　$\dfrac{\mathrm{d}T}{\mathrm{d}y}$——$y$ 方向上的温度梯度，K/m。

　　式(1)称为傅里叶定律，表明导热通量与温度梯度成正比。负号表明，导热方向与温度梯度的方向相反。

　　金属的导热系数比非金属大得多，在 $50 \sim 415\text{W}/(\text{m} \cdot \text{K})$。纯金属的导热系数随着温度升高而减小，合金却相反，但纯金属的导热系数通常高于由其所组成的合金。本实验中，小球材料的选取对实验结果有重要影响。

　　热对流是流体相对于固体表面做宏观运动时，引起微团尺度上的热量传递过程。事实上，它必然伴随有流体微团间及与固体壁面间的接触导热，因而是微观分子热传导和宏观微团热对流两者的综合过程。具有宏观尺度上的运动是热对流的实质。流动状态（层流和湍流）的不同，传热机理也不同。

　　牛顿提出对流传热规律的基本定律——牛顿冷却定律：

$$Q = qA = \alpha A (T_\text{w} - T_f) \tag{2}$$

　　α 并非物性常数，其取决于系统的物性因素，几何因素和流动因素，通常由实验来测定。本实验测定的是小球在不同环境和流动状态下的对流传热系数。

　　强制对流较自然对流传热效果好，湍流较层流的对流传热系数要大。

热辐射是当温度不同的物体，以电磁波形式，各辐射出具有一定波长的光子，当被相互吸收后所发生的换热过程。热辐射和热传导，热对流的换热规律有着显著的差别，传导与对流传热速率都正比于温度差，而与冷热物体本身的温度高低无关。热辐射则不然，即使温差相同，还与两物体绝对温度的高低有关。本实验尽量避免热辐射传热对实验结果带来误差。

物体的突然加热和冷却过程属非正常导热过程。此时导热物体内的温度，既是空间位置又是时间的函数，$T = f(x, y, z, t)$。物体在导热介质的加热或冷却过程中，导热速率同时取决于物体内部的导热热阻及与环境间的外部对流热阻。为了简化，不少问题可以忽略两者之一进行处理。然而能否简化，需要确定一个判据。通常定义无因次准数毕渥数（Bi），即物体内部导热热阻与物体外部对流热阻之比进行判断。

$$Bi = \frac{内部导热热阻}{外部对流热阻} = \frac{\delta/\lambda}{1/\alpha} = \frac{\alpha V}{\lambda A} \tag{3}$$

式中　$\delta = \dfrac{V}{A}$——特征尺寸，对于球体为 $R/3$。

若 Bi 准数很小，$\dfrac{\delta}{\lambda} \ll \dfrac{1}{\alpha}$，表明内部导热热阻 $\ll$ 外部对流热阻，此时，可忽略内部导热热阻，可简化为整个物体的温度均匀一致，使温度仅为时间的函数，即 $T = f(t)$。这种将系统简化为具有均一性质进行处理的方法，称为集总参数法。实验表明，只要 $Bi < 0.1$，忽略内部热阻进行计算，其误差不大于 5%，通常为工程计算所允许。

将直径为 d_s 温度为 T_0 的小钢球，置于温度为恒定 T_f 的周围环境中，若 $T_0 > T_f$，小球的瞬时温度 T，随着时间 t 的增加而减小。根据热平衡原理，球体热量随着时间的变化应等于通过对流换热向周围环境的散热速率。

$$-\rho C V \frac{\mathrm{d}T}{\mathrm{d}t} = \alpha A (T - T_f) \tag{4}$$

$$\frac{\mathrm{d}(T - T_f)}{(T - T_f)} = -\frac{\alpha A}{\rho C V} \mathrm{d}t \tag{5}$$

初始条件：$t = 0$，$T - T_f = T_0 - T_f$

积分式（5）得：

$$\int_{T_0 - T_f}^{T - T_f} \frac{\mathrm{d}(T - T_f)}{T - T_f} = -\frac{\alpha A}{\rho C V} \int_0^t \mathrm{d}t$$

$$\frac{T - T_f}{T_0 - T_f} = \exp\left(-\frac{\alpha A}{\rho C V} \cdot t\right) = \exp(-Bi \cdot Fo) \tag{6}$$

$$Fo = \frac{\alpha t}{(V/A)^2} \tag{7}$$

定义时间常数 $\tau = \dfrac{\rho C V}{\alpha A}$，分析式（6）可知，当物体与环境之间的热交换经历了 4 倍于时间常数的时间后，即 $t = 4\tau$，可得：

$$\frac{T - T_f}{T_0 - T_f} = \mathrm{e}^{-4} = 0.018$$

表明过余温度 $T - T_f$ 的变化已达到 98.2%，以后的变化仅剩 1.8%，对工程计算来说，往后可近似作定常数处理。

对小球 $\dfrac{V}{A} = \dfrac{R}{3} = \dfrac{d_s}{6}$ 代入式(6)整理得:

$$\alpha = \frac{\rho}{6} \frac{Cd_s}{t} \cdot \frac{1}{t} \ln \frac{T_0 - T_f}{T - T_f} \qquad (8)$$

或

$$Nu = \frac{\alpha d_s}{\lambda} = \frac{\rho}{6\lambda} \frac{Cd_s^2}{t} \cdot \frac{1}{t} \ln \frac{T_0 - T_f}{T - T_f} \qquad (9)$$

通过实验可测得钢球在不同环境和流动状态下的冷却曲线,由温度记录仪记下 $T \sim t$ 的关系,就可由式(8)和式(9)求出相应的 α 和 Nu 的值。

对于气体在 $20 < Re < 180000$ 范围,即高 Re 数下,绕球换热的经验式为:

$$Nu = \frac{\alpha d_s}{\lambda} = 0.37 Re^{0.6} Pr^{\frac{1}{3}} \qquad (10)$$

式中 Pr——普朗特准数,无量纲。

若在静止流体中换热:$Nu = 2$。

【预习与思考】

(1)影响热量传递的因素有哪些?

(2)Bi 准数的物理含义是什么?

(3)本实验对小球体的选择有哪些要求,为什么?

(4)本实验加热炉的温度为什么要控制在 $400 \sim 500℃$,太高太低有何影响?

(5)自然对流条件下实验要注意哪些问题?

(6)实验需查找哪些数据,需测定哪些数据?

(7)设计原始实验数据记录表。

【实验装置与流程】

实验装置和流程如图 1 所示。

【实验步骤及方法】

(1)测定小钢球的直径 d_s。

(2)打开管式电加热炉电源,调节加热温度至 $400 \sim 500℃$。

①给装置上电($-220V/50Hz$),此时电源开关按钮(6)指示亮红色;

②按下电源开关,按钮(5)此时红灯灭、绿灯亮;

③按下测温控温开关,此时管式电加热炉(4)控温表和管式电加热炉测温表(3)同时上电;

④将管式电加热炉控温表(4)设定温度为实验所需的温度值,如450℃。

(3)打开计算机处于工作状态。

(4)将嵌有热电偶小钢球置于管式电加热炉中的支架上,观察小球测温仪表(2)稳定温度指示为450℃时,迅速取出小钢球置于:

①大气中,尽量减少小球附近的空气扰动,用微机进行数据采集小球温度随时间变化

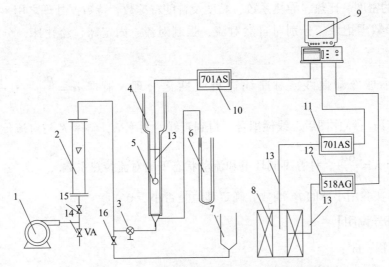

图1 测定固体小球对流传热系数的实验装置和流程

1—旋涡气泵(HG-370，上海富力)；2—转子流量计(LZB-40，4~40m³/h，天津流量计厂)；3—调节阀；
4—玻璃流化床(天大北洋化工)；5—实验小球(碳钢，≤φ19)；6—U形压力计；7—扩大管(内径φ45)；
8—管式电加热炉(1kW，天大北洋)；9—计算机；10—小球测温人工智能表(厦门宇光)；
11—加热炉测温智能表(厦门宇光)；12—加热炉控温智能表(厦门宇光)；
13—热电偶(K型，沈阳中色)；14—放空阀；15，16—阀门

的曲线数据，并进行处理计算出传热系数 α；

②置于扩大管中进行强制对流实验。方法：打开流程中放空阀(14)和阀(16)，关闭阀(15)和阀(3)，启动旋涡气泵，缓慢调节阀(15)和(14)，使流量达到实验所需的流量，将小球置于扩大管中，其余步骤同①，记录流量计读数；

③将小球置于固定床的砂粒中，进行固定床实验，将实验流程中的床(4)调节至固定床状态[调节调节阀(3)，并配合调节阀(16)]。其余步骤同①；

④置于流化床中，进行流化床实验。将实验流程中的床(4)调节至流化床状态[调节阀(3)，并配合调节阀(16)使床层处于所需的流化状态]，将小球置于流化床层中，其余步骤同①。

【实验注意事项】

(1)电偶一定要放在需要测定的位置上，要准确无误，不能在未插入位置内就升温加热。这样会造成温度无限制上升。直至将加热炉丝烧毁。

(2)长期不用时要放在干燥通风的地方。如果再使用时，一定要低温下烘炉数小时，以避免保温材料放出吸附水造成加热炉丝短路。

(3)必须熟悉设备的使用方法；注意：设备要良好接地，以防触电！

(4)升温操作一定要有耐心，不能忽高忽低乱改乱动。

(5)流量的调节要随时观察流动情况及时调节。

【实验数据处理】

(1)用游标卡尺测量小球直径 d_s，查表得到不锈钢球的密度、比热和导热系数，并查

表得到空气的密度、比热、导热系数、黏度及普朗特准数，待数据处理之用。

（2）原始数据记录。分别对自然对流、强制对流、固定床、流化床，分别记录原始数据。

（3）作小球冷却曲线，对曲线进行线性化处理。根据 $\alpha = \dfrac{\rho C d_s}{6} \cdot \dfrac{1}{t} \ln \dfrac{T_0 - T_f}{T - T_f}$，

由 $\ln \dfrac{T_0 - T_f}{T - T_f}$ 对 t（秒）作图后，线性拟合，得到直线的斜率 K，斜率 K 与对流传热系数 α 之

间的关系为：$K = \dfrac{6\alpha}{\rho C d_s}$，计算不同环境和流动状态下的对流传热系数 α。

（4）计算实验用小球的 Bi 准数，确定其值是否小于 0.1。

【主要符号说明】

A——面积，m^2；

Bi——毕渥数，无因次；

C——比热容，$J/(kg \cdot K)$；

d_s——小球直径，m；

Fo——傅里叶准数，无因次；

Nu——努塞尔准数，无因次；

Pr——普朗特准数，无因次；

q_y——y 方向上单位时间单位面积的导热量，$J/(m^2 \cdot s)$；

Q_y——y 方向上的导热速率，J/s；

R——半径，m；

Re——雷诺数，无因次；

T——温度，K 或 $℃$；

T_0——初始温度，K 或 $℃$；

T_f——流体温度，K 或 $℃$；

T_w——壁温，K 或 $℃$；

t——时间，s；

V——体积，m^3；

α——对流传热系数，$W/(m^2 \cdot K)$；

λ——导热系数，$W/(m \cdot K)$；

δ——特征尺寸，m；

ρ——密度，kg/m^3；

τ——时间常数，s；

μ——黏度，$Pa \cdot s$。

实验四 内循环无梯度反应器中宏观动力学数据测定实验

【实验目的】

(1) 巩固所学的有关动力学方面的知识，掌握获得的反应动力学数据的方法和手段。

(2) 学会动力学数据的处理方法，根据动力学方程求出相应的参数值。

(3) 熟悉内循环无梯度反应器的特点及其他相关设备的特点和使用方法。

【实验原理】

1. 概述

采用工业粒度的催化剂测试宏观反应速率时，反应物系经历外扩散、内扩散与表面反应三个主要步骤。其中外扩散阻力与工业反应器操作条件有很大关系，线速度是调整外扩散传递阻力的有效手段，因此，在设计工业反应装置和实验室反应器时，通常选用足够的高线速度，以排除外扩散传质阻力对反应速率的影响。本实验测定的反应速率，实质上就是在排除外部传质阻力后，仅包含催化剂内部传质影响的宏观反应速率。

由于工业催化剂颗粒通常制成多孔结构，其内表面积远大于外表面积，反应物必须通过孔内扩散不同深度的内表面上发生化学反应，而反应产物则必须通过内孔扩散返回气相主体，因此，颗粒的内扩散阻力是制约反应速率的主要因素。准确测定气固相催化反应的宏观动力学，不仅能为反应器设计提供基础数据，而且能通过宏观反应速率与本征速率的比较，判断内扩散对反应的影响程度，为工业放大提供依据。

2. 测定方法

内循环无梯度反应器是一种常用的微分反应器，由于反应器内有高速搅拌部件，可消除反应物相主体到催化剂表面的温度梯度和浓度梯度，常用于固相催化反应动力学数据测定、催化剂反应性能测定等。无梯度反应器结构紧凑，容易达到足够的循环量并维持恒温，能相对较快地达到定态。

如图 1 所示为实验室反应器，是一种催化剂固定不动，采用涡轮搅拌器造成反应气体在器内高速循环流动，以消除外扩散阻力的内循环无梯度反应器。

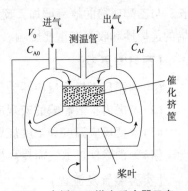

图 1 内循环无梯度反应器示意

如反应器进口引入流量为 V_0 的原料气，浓度为 C_{A0}，出口流量为 V 浓度为 C_{Af} 的反应气。当反应为等摩尔反应时 $V_0 = V$，当反应为变摩尔反应时，V 可由具体反应式的物料衡算式推导，也可通过实验测量。设反应器进口处原料气与循环气刚混合时，浓度为 C_{Ai}，循环气流量为 V_c，则有：

$$V_0 C_{A0} + V_c C_{Af} = (V_0 + V_c) C_{Af} \tag{1}$$

令循环比 $R_C = V_c/V_0$，得到：

$$C_{Ai} = \frac{1}{1+R_C} C_{A0} + \frac{R_C}{1+R_C} C_{Af} \tag{2}$$

当 R_C 很大时，$C_{Ai} \approx C_{Af}$，此时反应器内浓度处处相等，达到浓度无梯度。经实验验证，当 $R_C > 25$ 后，反应器性能便相当于一个理想混合反应器，其反应速率可以简单求得：

$$r_A = \frac{V_0(C_{A0} - C_{Af})}{V_R} \tag{3}$$

或

$$r_{AW} = \frac{V_0(C_{A0} - C_{Af})}{W} \tag{4}$$

因而，只要测得原料气流量与反应气体进出口浓度，可得到某一条件下的宏观反应速率值。进一步按一定的设计方法规划实验条件，改变温度和浓度进行实验，再通过作图和参数回归，可获得宏观动力学方程。

3. 反应体系

在 ZSM-5 分子筛催化剂上发生的乙醇脱水过程属于平行反应，既可进行分子内脱水生成乙烯，又可进行分子间脱水生成乙醚，反应方程式如下：

$$2C_2H_5OH \Longrightarrow C_2H_5OC_2H_5 + H_2O \tag{5}$$

$$C_2H_5OH \Longrightarrow C_2H_4 + H_2O \tag{6}$$

一般而言，较高的温度有利于生成乙烯，而较低的温度有利于生成乙醚。根据自由基反应理论，反应进行过程中生成的中间产物碳正离子比较活泼，在高温时，其存在时间短，来不及与乙醇分子碰撞反应就失去质子变为乙烯；而在较低温度时，碳正离子存在较长，与乙醇碰撞的概率增加，反应生成乙醚。因此，反应温度条件的控制，对目标产物乙烯的选择性和收率有重要影响。

【预习与思考】

(1) 内循环无梯度反应器为什么属于微分反应器？此反应器有何特点？

(2) 考虑内扩散影响的宏观反应速率是否一定比本征反应速率低？

(3) 改变反应温度和浓度规划实验，用所得数据用于回归动力学参数，其依据是什么？

(4) 为消除外扩散，需提高循环比 R_C，怎样设计反应器才合理？

【实验装置及流程】

实验流程见图 2，装置由三部分组成：

第一部分是由微量进料泵、氢气钢瓶、汽化器和取样六通阀组成的系统；

第二部分是反应系统，由一台内循环式无梯度反应器、温度控制器和显示仪表组成；

第三部分是取样和分析系统，包括六通阀、产品收集器和在线气相色谱仪。

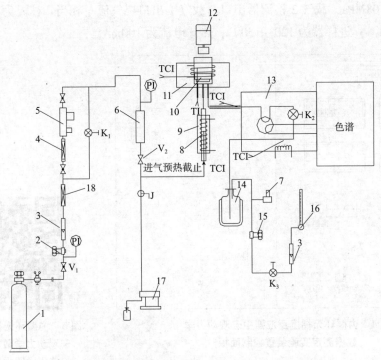

图2 内循环无梯度反应器中宏观动力学数据测定流程

TCI—控温；TI—测温；PI—压力计；V_1—进气截止；V_2—进气预热截止阀；
K_1—气液分离后尾气调节；K_2—阀箱产物流量调节；K_3—进气旁路调节阀；J—进液排放三通阀；
1—气体钢瓶；2—稳压阀；3—转子流量计；4—过滤器；5—质量流量计；6—缓冲器；
7—压力传感器；8—预热器；9—预热炉；10—反应器；11—反应炉；12—马达；
13—恒温箱；14—气液分离器；15—调压阀；16—皂膜流量计；17—加料泵

设备主要部件：

（1）反应器。本实验采用磁驱动内循环无梯度反应器，其结构如图3所示。

（2）控制系统。控制系统包括装置各部件的温度控制和显示，控制面板如图4所示，由预热控温、反应控温、阀箱控温、搅拌调速、流量的计量、压力测量组成。

（3）内循环无梯度反应器中宏观动力学数据测定装置使用说明视频可扫图5所示的二维码获得。

（4）色谱系统。实验装置采用GC7890A型气相色谱仪，配有N2000型色谱工作站，用于分析反应器出口产品组成。为保证样品为气态，进样六通阀及相应管路均有加热带保温；色谱仪的主要调节参数如下：载气

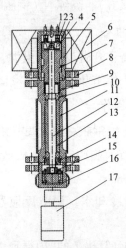

图3 内循环无梯度反应器结构

1—压片；2—催化剂；3—框压盖；4—桨叶；
5—反应器外筒；6—加热炉；7—反应器内筒；8—法兰；
9—压盖；10—轴承；11—冷却内筒；12—轴；
13—内支撑筒；14—外支撑筒；15—反应磁钢架；
16—底筒；17—磁力泵

1 柱前压：0.08MPa，载气 2 检测器出口与载气 1 出口尾气流量相当。柱温为 100～110℃；检测器为 120℃；进样器为 120～150℃；热导电流为 100mA。

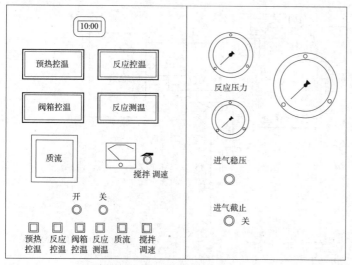

图 4　内循环无梯度反应器中宏观动力学
数据测定实验装置控制面板

图 5　内循环无梯度反应器中
宏观动力学数据测定装置
使用说明视频二维码

【实验步骤与方法】

1. **实验准备**

无水乙醇(分析纯)500mL；ZSM－5 分子筛催化剂：10g(提前装入催化剂)高纯 H_2(钢瓶气与色谱接好)、高纯 N_2(钢瓶气)。

2. **装置准备**

通电检查：开启设备总电源，各仪表显示和运转正常，进料泵、搅拌电动机运转正常；色谱及工作站开启待命；检查各测温热电阻是否到位；冷阱保温瓶中加入冷水。

3. **开车操作**

(1)打开 N_2 钢瓶总阀，调节减压阀，出口压力控制在 0.3MPa 左右，打开 N_2 管路位于设备气路进口的阀门，通入 N_2 吹扫系统，调节设备面板上的流量计，控制吹扫流量在 200～300mL/min。

(2)开启冷却水，调节反应器搅拌转速为 2000～3000r/min，实验全程保持冷却水开启。

(3)启动计算机上的"内循环无梯度反应器"在线控制程序，设定各温度控制器数值，预热器控温为 150～200℃；反应炉控温为 260～320℃；色谱阀箱为 110℃；管道保温为 110℃(注意：反应炉温度温控一般高出反应床层实际温度 50～80℃)。

(4)当预热器温度、反应器床层温度、搅拌转速、色谱及工作站均准备就绪，可开启进料泵，为保证进料流量稳定，可先开启计量泵上的排液阀，排出管路中的空气。待空气完全排出后调节泵操作面板，控制进料流量为 0.1～0.5mL/min。

（5）恒温阀箱六通阀平时在取样位置，当反应稳定后（约 30min），切换到进样位置，进行样品采集分析，切换时间为 1～2s，反应产物经六通阀进入色谱进行分析，尾气计量后排空。

4. 停车操作

（1）关闭进料泵，停止进料，待装置内物料基本反应完毕后，将预热器、反应器、阀箱及保温温度设定值改为 0℃，开始降温。

（2）当反应器温度降至 200℃以下，开启 N_2 吹扫气路，以 200～300mL/min 流量吹扫反应系统和尾气管路 5min，完毕后关闭吹扫气。

（3）关闭搅拌，切断冷却水；色谱及工作站按要求关机。

（4）排出冷阱内的物料，冷阱烘干后重新连接好。

【实验数据处理】

在反应温度 260～320℃选 5 个温度，每个温度下改变 3 次进料速度（0.1～0.5mL/min），测定各种条件下的实验数据。

1. 实验数据记录

室温_____℃；大气压_____kPa；搅拌转速_____r/min，催化剂质量 W _____g

实验号	反应条件		乙醇进料量 F/（mL/min）	产物组成（质量分数）/%			
	温度 T/℃	表压/MPa		乙烯	水	乙醇	乙醚
1							
2							
3							
4							
5							

2. 实验数据处理

（1）产物摩尔分率 X_i 计算：

$$X_i = \frac{c_i f_i}{\sum_{f=1}^{4} c_j f_i}$$

式中　f_i——色谱分析结果的摩尔校正因子；

　　　c_i——各组分校正前的摩尔分率。

组分	乙烯（f_1）	水（f_2）	乙醇（f_3）	乙醚（f_4）
f_i				

（2）乙醇转化率 α 和乙烯选择性 S

$$\alpha = 1 - \frac{X_3}{X_1 + X_3 + 2X_4}$$

$$S = \frac{X_1}{X_1 + 2X_4}$$

乙烯收率 $Y = \alpha \cdot S$

（3）乙烯生成速率 r_A，$mol \cdot min^{-1} \cdot g(cat)^{-1}$

$$r_A = F_0 \cdot Y/W$$

式中　F_0——乙醇的进料摩尔流率，$mol \cdot min^{-1}$；

　　　W——催化剂装填量，g。

（4）乙醇摩尔浓度 C_A，$mol \cdot L^{-1}$：

$$C_A = \frac{p_{乙醇}}{RT} = P \cdot X_3/RT$$

式中　p——系统压力，atm；

　　　R——理想气体常数 $0.0821 L \cdot atm \cdot mol^{-1} \cdot K^{-1}$。

（5）主反应速率常数 k

在不同温度下，作 $r_A \sim C_A$ 图，判断主反应级数，并计算主反应的速率常数 k。

（6）参数回归

将（1）~（5）的计算结果列表，并计算 $-\ln K$ 和 $1/T$，根据阿伦尼乌斯方程 $k = k_0 \cdot \exp$ （$-E_1/RT$），作 $-\ln K - 1/T$ 图，求出反应的活化能 E_1（$L \cdot atm \cdot mol^{-1}$）和指前因子 k_0。

【结果与讨论】

（1）分析温度对反应结果的影响。

（2）分析进料速度变化对反应结果的影响。

第6章　分离工程实验

实验一　液－液转盘萃取实验

【实验目的】

(1)了解转盘萃取塔的基本结构、操作方法及萃取的工艺流程。

(2)观察转盘转速变化时，萃取塔内轻、重两相流动状况，了解萃取操作的主要影响因素，研究萃取操作条件对萃取过程的影响。

(3)掌握每米萃取高度的传质单元数 N_{OR}、传质单元高度 H_{OR} 和萃取率 η 的实验测法。

【基本原理】

萃取是分离和提纯物质的重要单元操作之一，是利用混合物中各个组分在外加溶剂中溶解度的差异而实现组分分离的单元操作。使用转盘塔进行液－液萃取操作时，两种液体在塔内做逆流流动，其中一相液体作为分散相，以液滴形式通过另一种连续相液体，两种液相的浓度则在设备内做微分式的连续变化，并依靠密度差在塔的两端实现两液相间的分离。当轻相作为分散相时，相界面出现在塔的上端；反之，当重相作为分散相时，则相界面出现在塔的下端。

1. 传质单元法的计算

计算微分逆流萃取塔的塔高时，主要是采取传质单元法。即以传质单元数和传质单元高度来表征，传质单元数表示过程分离程度的难易，传质单元高度表示设备传质性能的好坏。

$$H = H_{OR} \cdot N_{OR} \tag{1}$$

式中　H——萃取塔的有效接触高度，m；

　　H_{OR}——以萃余相为基准的总传质单元高度，m；

　　N_{OR}——以萃余相为基准的总传质单元数，无因次。

按定义，N_{OR} 计算式为：

$$N_{OR} = \int_{x_R}^{x_F} \frac{\mathrm{d}x}{x - x^*} \tag{2}$$

式中　x_F——原料液的组成，kgA/kgS；

　　x_R——萃余相的组成，kgA/kgS；

　　x——塔内某截面处萃余相的组成，kgA/kgS；

　　x^*——塔内某截面处与萃取相平衡时的萃余相组成，kgA/kgS。

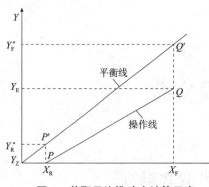

图1 萃取平均推动力计算示意

当萃余相浓度较低时，平衡曲线可近似为过原点的直线，操作线也简化为直线处理，如图1所示。

则积分式(2)得

$$N_{OR} = \frac{x_F - x_R}{\Delta x_m} \tag{3}$$

式中 Δx_m 为传质过程的平均推动力，在操作线、平衡线作直线近似的条件下为：

$$\Delta x_m = \frac{(x_F - x^*) - (x_R - 0)}{\ln \dfrac{x_F - x^*}{x_R - 0}} = \frac{(x_F - y_E/k) - x_R}{\ln \dfrac{(x_F - y_E/k)}{x_R}} \tag{4}$$

式中 k——分配系数，如对于本实验的煤油苯甲酸相－水相，$k = 2.26$；

y_E——萃取相的组成，kgA/kgS。

对于 x_F、x_R 和 y_E，分别在实验中通过取样滴定分析而得，y_E 也可通过如下的物料衡算而得：

$$\begin{aligned} F + S &= E + R \\ F \cdot x_F + S \cdot 0 &= E \cdot y_E + R \cdot x_R \end{aligned} \tag{5}$$

式中 F——原料液流量，kg/h；

S——萃取剂流量，kg/h；

E——萃取相流量，kg/h；

R——萃余相流量，kg/h。

对稀溶液的萃取过程，因为 $F = R$，$S = E$，所以有：

$$y_E = \frac{F}{S}(x_F - x_R) \tag{6}$$

2. 萃取率的计算

萃取率 η 为被萃取剂萃取的组分 A 的量与原料液中组分 A 的量之比：

$$\eta = \frac{F \cdot x_F - R \cdot x_R}{F \cdot x_F} \tag{7}$$

对稀溶液的萃取过程，因为 $F = R$，所以有：

$$\eta = \frac{x_F - x_R}{x_F} \tag{8}$$

3. 组成浓度的测定

对于煤油苯甲酸相－水相体系，采用酸碱中和滴定的方法测定进料液组成 x_F、萃余液组成 x_R 和萃取液组成 y_E，即苯甲酸的质量分率，具体步骤如下：

(1)用移液管量取待测样品 25mL，加 1~2 滴酚酞指示剂；

(2)用 NaOH 溶液滴定至终点，则所测浓度为：

$$x = \frac{N \cdot \Delta V \cdot 122}{25 \times 0.8} \tag{9}$$

式中 N——NaOH 溶液的当量浓度，mol/mL；

ΔV——滴定用去的 NaOH 溶液体积量，mL。

此外，苯甲酸的分子量为 122g/mol，煤油密度为 0.8g/mL，样品量为 25mL。

(3)萃取相组成 y_E 也可按式(7)计算得到。

【实验装置与流程】

实验装置如图2所示。

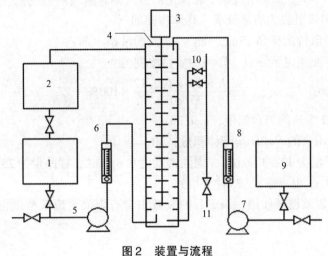

图2　装置与流程

1—轻相槽；2—萃余相槽(回收槽)；3—电动机搅拌系统；4—萃取塔；5—轻相泵；

6—轻相流量计；7—重相泵；8—重相流量计；9—重相槽；10—∏管闸阀；11—萃取相出口

本装置操作时应先在塔内灌满连续相——水，然后加入分散相——煤油(含有饱和苯甲酸)，待分散相在塔顶凝聚一定厚度的液层后，通过连续相的∏管闸阀调节两相的界面于一定高度，对于本装置采用的实验物料体系，凝聚是在塔的上端中进行(塔的下端也设有凝聚段)。本装置外加能量的输入，可通过直流调速器来调节中心轴的转速。转盘萃取塔参数如表1所示。

表1　转盘萃取塔参数　　　　　　　　　　　　　mm

塔内径	塔高	传质区高度
60	1200	750

【实验步骤】

(1)将煤油配制成含苯甲酸的混合物(配制成饱和或近饱和)，然后把它灌入轻相槽内。注意：勿直接在槽内配置饱和溶液，防止固体颗粒堵塞煤油输送泵入口。

(2)接通水管，将水灌入重相槽内，用磁力泵将它送入萃取塔内。注意：磁力泵切不可空载运行。

(3)通过调节转速来控制外加能量的大小，在操作时转速逐步加大，中间会跨越一个临界转速(共振点)，一般实验转速可取 500r/min。

(4)水在萃取塔内搅拌流动，并连续运行5min后，开启分散相——煤油管路，调节两相的体积流量一般在 10～20L/h 范围内(在进行数据计算时，对煤油转子流量计测得的数据要校正，即煤油的实际流量应为 $V_{校} = \sqrt{\dfrac{1000}{800}} V_{测}$，其中 $V_{测}$ 为煤油流量计上的显示值)。

（5）待分散相在塔顶凝聚一定厚度的液层后，再通过连续相出口管路中 ∏ 形管上的阀门开度来调节两相界面高度，操作中应维持上集液板中两相界面的恒定。

（6）通过改变转速来分别测取效率 η 或 H_{OR} 从而判断外加能量对萃取过程的影响。

（7）取样分析。本实验采用酸碱中和滴定的方法测定进料液组成 x_F、萃余液组成 x_R 和萃取液组成 y_E，即苯甲酸的质量分率，具体步骤如下：

①用移液管量取待测样品 25mL，加 1~2 滴酚酞指示剂；

②用 NaOH 溶液滴定至终点，则所测质量浓度为：

$$x = \frac{N \times \Delta V \times 122.12}{25 \times 0.8} \times 100\%$$

式中　N——NaOH 溶液的当量浓度，mol/mL；

　　　ΔV——滴定用去的 NaOH 溶液体积量，mL。

苯甲酸的分子量为 122.12g/mol，煤油密度为 0.8g/mL，样品量为 25mL。

③萃取相组成 y_E 也可按式(7)计算得到。

（8）轻相槽内煤油循环使用，滴定后的废液中含有煤油至废液桶进行回收，减少对环境的污染。

【实验报告】

（1）计算不同转速下的萃取效率，传质单元高度。

（2）以煤油为分散相，水为连续相，进行萃取过程的操作。

实验数据记录：

氢氧化钾的当量浓度 $N_{KOH} = $ _____ mol/mL

编号	重相流量/ (L/h)	轻相流量/ (L/h)	转速 N/ (r/min)	ΔV_F/ mL(KOH)	ΔV_R/ mL(KOH)	ΔV_S/ mL(KOH)
1						
2						
3						

数据处理表

编号	转速 n	萃余相浓度 x_R	萃取相浓度 y_E	平均推动力 Δx_m	传质单元高度 H_{OR}	传质单元数 N_{OR}	效率 η
1							
2							
3							

【思考题】

（1）分析比较萃取实验装置与吸收、精馏实验装置的异同点。

（2）萃取实验装置的转盘转速如何调节和测量？从实验结果分析转盘转速变化对萃取传质系数与萃取率的影响。

实验二 污水的活性炭吸附实验

活性炭有大量的微孔和巨大的比表面积，其表面存在羟基、羧基等多种官能团，因而具有很强的物理和化学吸附能力，能有效地吸附废水中的有机污染物。废水活性炭处理法是利用活性炭的物理和化学吸附性能去除废水中多种污染物的方法，是目前国内外应用较多的一种废水处理工艺。

污水处理是关系到人与自然环境和谐共处、经济社会可持续发展的基本保障。习近平总书记指出，"生态兴则文明兴，生态衰则文明衰""共谋绿色生活，共建美丽家园"是我们共同的愿景和责任。掌握污水处理的专业知识是践行清洁生产的思想、可持续发展的理念，从而实现"绿水青山就是金山银山"的家国情怀。

【实验目的】

(1)掌握活性炭吸附实验装置的操作方法。

(2)掌握"连续流"法活性炭处理污水的工艺流程，优化吸附工艺条件。

(3)掌握使用水质分析仪测定废水 COD 的方法。

(4)通过专业知识的价值导向培养清洁生产思想、可持续发展理念和高度社会责任感。

【实验原理】

水的需氧量大小是水质污染程度的重要指标之一。COD 是指在特定条件下，采用一定的强氧化剂处理水样时，所消耗氧化剂的量，以每升多少毫克 O_2 表示。COD 反映了水中受还原性物质污染的程度。本实验用重铬酸钾法测定水样中的耗氧量 COD。

水样 COD 测定步骤，取 2mL 待测液加入试剂瓶中，在 160℃ 条件下消解 20min，并自然冷却。水质分析仪需先用空白试剂校正，然后将冷却好的待测液试剂瓶插入水质分析仪中，得到 COD 数值。

对于比表面很大的多孔性或高度分散的吸附剂，像活性炭和硅胶等，在溶液中有较强的吸附能力。由于吸附剂表面结构的不同，对不同的吸附质有着不同的相互作用，因而吸附剂能够从混合溶液中有选择地把某一种溶质吸附。根据这种吸附能力的选择性，在工业上有着广泛的应用，如糖的脱色提纯等。本实验通过测定污水受活性炭吸附前后的耗氧量 COD 来了解活性炭对水样中还原性物质的吸附情况。

【实验装置】

活性炭吸附装置(图1)、水质分析仪、移液器。

活性炭吸附装置技术参数：

(1)有机玻璃吸附柱：$\phi 60mm \times 1000mm$，6 根。

(2)活性炭：工业用活性炭，装填高度：700mm。

(3)水泵：自吸泵，最大流量 $2m^3/h$、最大扬程 35m、额定流量 $1m^3/h$、额定扬程

15m、额定功率370W。

(4)污水流量计 LZS – 15 型，流量：25 ~ 250L/h。

(5)PVC 水箱尺寸：500mm × 400mm × 400mm。

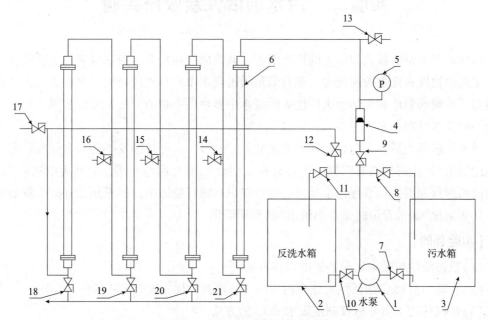

图 1　污水的活性炭吸附装置

1—水泵；2—反洗水箱；3—污水箱；4—流量计；
5—压力表；6—活性炭吸附柱；7 ~ 21—阀门

【实验步骤】

(1)将某些污水过滤或配置一种污水，先测定该污水的 COD 值、pH 值、水温等各项指标并记入表中。

(2)在内径为40mm，高为1000mm 的有机玻璃中装入500 ~ 750mm 高的经水洗烘干后的活性炭。

(3)实验前所有阀门处于关闭状态。

(4)打开阀门7、8、9、17，开启水泵，调节流量计，以每分钟500 ~ 2000mL 的流量(具体可按当时水质条件而定)，按升流或降流的方式运行(注意运行时炭层中不应有气泡)。本实验装置为降流式。实验至少要用3 种以上的不同流速 V 进行。

(5)在每一流速运行稳定后，每隔10 ~ 30min 由各炭柱取样，测定出水样 COD 值，直至水中 COD 浓度达到进水中 COD 浓度的0.9 ~ 0.95 为止。

(6)实验完成后，关闭水泵，关闭阀门7、8、9、17。

(7)打开阀门10、11、12、13，开启水泵，调节流量计，对活性炭进行反复冲洗净化。测定出水 COD 值与原水一致时停水泵。

(8)开启阀门18、19、20、21排净吸附柱内水分。

【注意事项】

(1)实验至少要用3种以上的不同流速进行。

(2)注意去除碳层中的气泡。

(3)在测定 COD 时，需要戴手套，以防烫伤。

【数据处理】

记录污水及经过每个吸附柱吸附后的 COD 值，并计算去除率。

第7章　化工工艺实验

实验一　液液传质系数的测定

【实验目的】

（1）掌握用刘易斯池测定液液传质系数的实验方法。

（2）测定乙酸在水与乙酸乙酯中的传质系数。

（3）小组协同实验，增强分工合作、齐心协力完成实验任务的合作精神。

【实验原理】

实际萃取设备效率的高低，以及怎样才能提高其效率，是人们十分关心的问题。为解决这些问题，必须研究影响传质速率的因素和规律，以及探讨传质过程的机理。

近几十年来，人们虽已对两相接触界面的动力学状态，物质通过界面的传递机理和相界面对传递过程的阻力等问题进行研究，但由于液液间传质过程的复杂性，许多问题还没有得到满意的解答，有些工程问题不得不借助于实验的方法或凭经验进行处理。

工业设备中，常将一种液相以滴状分散于另一液相中进行萃取。但当流体流经填料、筛板等内部构件时，会引起两相高度的分散和强烈的湍动，传质过程和分子扩散变得复杂，再加上液滴的凝聚与分散，流体的轴向返混等问题影响传质速率的主要因素，如两相实际接触面积、传质推动力都难以确定。因此，在实验研究中，常将过程进行分解，采用理想化和模拟的方法进行处理。1954年刘易斯（Lewis）[1]提出用一个恒定界面的容器，研究液液传质的方法，它能在给定界面面积的情况下，分别控制两相的搅拌强度，以造成一个相内全混，界面无返混的理想流动状况，因而不仅明显地改善了设备内流体力学条件及相际接触状况，而且不存在因液滴的形成与凝聚而造成端效应的麻烦。本实验即采用改进型的刘易斯池[2,3]进行实验。由于刘易斯池具有恒定界面的特点，当实验在给定搅拌速度及恒定的温度下，测定两相浓度随时间的变化关系，就可借助物料衡算及速率方程获得传质系数。

$$\frac{V_W}{A} \cdot \frac{dC_W}{dt} = K_W(C_W^* - C_W) \tag{1}$$

$$-\frac{V_O}{A} \cdot \frac{dC_O}{dt} = K_O(C_O - C_O^*) \tag{2}$$

式中 A——两相接触面积，m^2；

C_W——水相中溶质浓度，mol/L；

K——总传质系数；

t——时间；

V_W——水相体积，m^3；

V_O——有机相体积，m^3；

下标 O——有机相；

下标 W——水相。

C_W^*——与有机相成平衡时水相溶质的浓度，mol/L；

C_O^*——与水相成平衡的有机相溶质的浓度，mol/L；

若溶质在两相的平衡分配系数 m 可近似地取为常数，则

$$C_W^* = \frac{C_O}{m}, \qquad C_O^* = mC_W \tag{3}$$

式中 m——平衡分配系数，无因次；

式(1)、式(2)中的 $\frac{dC}{dt}$ 值可将实验数据进行曲线拟合然后求导数取得。

若将实验系统达平衡时的水相浓度 C_W^e 和有机相浓度 C_O^e 替换式(1)、式(2)中的 C_W^* 和 C_O^*，则对上两式积分可推出下面的积分式：

$$K_W = \frac{V_W}{At} \int_{C_W(0)}^{C_W(t)} \frac{dC_W}{C_W^e - C_W} = -\frac{V_W}{At} \ln \frac{C_W^e - C_W(t)}{C_W^e - C_W(0)} \tag{4}$$

$$K_O = -\frac{V_O}{At} \int_{C_O(0)}^{C_O(t)} \frac{dC_O}{C_O^e - C_O} = -\frac{V_O}{At} \ln \frac{C_O^e - C_O(t)}{C_O^e - C_O(0)} \tag{5}$$

式中 A——两相接触面积，m^2；

C——溶质浓度，mol/L；

K——总传质系数；

m——平衡分配系数，无因次；

t——时间，s；

V_W——水相体积，m^3；

V_O——有机相体积，m^3；

下标 O——有机相；

下标 W——水相。

以 $\ln \frac{C_W^e - C_W(t)}{C_W^e - C_W(0)}$ 和 $\ln \frac{C_O^e - C_O(t)}{C_O^e - C_O(0)}$ 对 t 作图从斜率可获得传质系数。

求得传质系数后，就可讨论流动情况、物系性质等对传质速率的影响。由于液液相际的传质远比气液相际的传质复杂，若用双膜模型处理液液相的传质，可假定：①界面是静止不动的，在相界面上没有传质阻力，且两相呈平衡状态；②紧靠界面两侧是两层滞流液膜；③传质阻力由界面两侧的两层阻力叠加而成；④溶质靠分子扩散进行传递。但结果常

出现较大的偏差，这是由于实际上相界面往往是不平静的，除主流体中的旋涡分量时常会冲到界面上外，有时还因为流体流动得不稳定，界面本身也会产生骚动而使传质速率增加好多倍。另外有微量的表面活性物质的存在又可使传质速率减少。关于产生界面现象和界面不稳定的原因大致分为：

（1）界面张力梯度导致的不稳定性。在相界面上由于浓度的不完全均匀，因此界面张力也有差异。这样，界面附近的流体就开始从张力低的区域向张力较高的区域运动，正是界面附近界面张力的随机变化导致相界面上发生强烈的旋涡现象。这种现象称为 Marangoni 效应。根据物系的性质和操作条件的不同，又可分为规则型和不规则型界面运动。前者是与静止的液体性质有关，又称 Marangoni 不稳定性。后者与液体的流动或强制对流有关，又称瞬时骚动。

（2）密度梯度引起的不稳定性。除界面张力会导致流体的不稳定性外，一定条件下密度梯度的存在，界面处的流体在重力场的作用下也会产生不稳定，即所谓的 Taylar 不稳定。这种现象对界面张力导致的界面对流有很大影响。稳定的密度梯度会把界面对流限制在界面附近的区域。而不稳定的密度梯度会产生离开界面的旋涡，并且使它渗入主体相中。

（3）表面活性剂的作用。表面活性剂是降低液体界面张力的物质，只要很低的浓度，它就会积聚在相界面上，使界面张力下降，造成物系的界面张力与溶质浓度的关系较小，或者几乎没有什么关系，这样就可抑制界面不稳定性的发展，制止界面湍动。另外，表面活性剂在界面处形成吸附层时，有时会产生附加的传质阻力，减小了传质系数。

【预习与思考】

（1）理想化液液传质系数实验装置有何特点？

（2）物系性质是如何影响液液传质系数的？

（3）根据物性数据表，确定乙酸向哪一方向的传递会产生界面湍动，说明原因。

（4）了解实验目的，明确实验步骤，制订实验计划。

（5）设计原始数据记录表。

【实验装置及流程】

实验所用的刘易斯池，如图 1 所示。它是由一段内径为 0.1m、高为 0.12m、壁厚为 8×10^{-3} m 的玻璃圆筒构成。池内体积约为 900mL，用一块聚四氟乙烯制成的界面环（环上每个小孔的面积为 3.8cm²），把池隔成大致等体积的两隔室。每隔室的中间部位装有互相独立的六叶搅拌桨，在搅拌桨的四周各装设六叶垂直挡板，其作用在于防止在较高的搅拌强度下造成界面的扰动。两搅拌桨由一直流侍服电动机通过皮带轮驱动。一光电传感器监测搅拌桨的转速，并装有可控硅调速装置，可方便地调整转速。两液相的加料经高位槽注入池内，取样通过上法兰的取样口进行。另设恒温夹套，以调节和控制池内两相的温度，为防止取样后，实际传质界面发生变化，在池的下端配有一升降台，以随时调节液液界面处于界面环中线处。实验流程如图 2 所示。

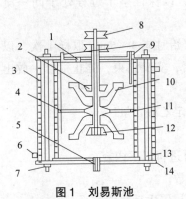

图1 刘易斯池

1—进料口；2—上搅拌桨；3—夹套；

4—玻璃筒；5—出料口；6—恒温水接口；

7—衬垫；8—皮带轮；9—取样口；10—垂直挡板

11—界面杯；12—搅拌桨；13—拉杆；14—法兰

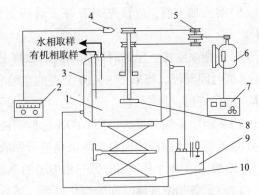

图2 液液传质系数测定实验流程

1—刘易斯池；2—测速仪；3—恒温夹套；

4—光电传感器；5—传动装置；6—直流电动机；

7—调速器；8—搅拌桨；9—恒温槽；10—升降台

【实验步骤与方法】

本实验所用的物系为水–乙酸–乙酸乙酯。有关该系统的物性数据和平衡数据如表1～表3所示。

表1 纯物系性质

物系	$\mu/(10^5 Pa \cdot s)$	$\sigma/(N/m)$	$\rho/(kg/m^3)$	$D/(10^9/m^2)$
水	100.42	72.67	997.1	1.346
乙酸	130.0	23.90	1049	
乙酸乙酯	48.0	24.18	901	3.69

表2 25℃乙酸在水相与酯相中的平衡浓度（质量分数）　　　　　　　　%

酯相	0.0	2.50	5.77	7.63	10.17	14.26	17.73
水相	0.0	2.90	6.12	7.95	10.13	13.82	17.25

表3 50℃醋酸在水相与酯相中的平衡浓度（质量分数）　　　　　　　　%

酯相	0.0	4.96	10.87	13.13	16.63	18.97	22.05	24.20	24.50
水相	0.0	5.37	8.67	10.70	14.87	19.73	20.49	24.08	24.50

至少4人组成小组，对小组成员明确分工，协同实验。实验时应注意以下几个方面：

（1）装置在安装前，先用丙酮清洗池内各个部位，以防表面活性剂污染系统。

（2）将恒温槽温度调整到实验所需的温度。

（3）加料时，不要将两相的位置颠倒，即较重的一相先加入，然后调节界面环中心线的位置与液面重合，再加入第二相。第二相加入时应避免产生界面骚动。

（4）启动搅拌桨约30min，使两相互相饱和，然后由高位槽加入一定量的乙酸。因溶质传递是从不平衡到平衡的过程，所以当溶质加完后就应开始计时。

(5)溶质加入前，应预先调节好实验所需的转速，以保证整个过程处于同一流动条件下。

(6)各相浓度按一定的时间间隔同时取样分析。开始时应 3~5min 取样 1 次，以后可逐渐延长时间间隔，当取了 8~10 个点的实验数据以后，实验结束，停止搅拌，放出池中液体，洗净待用。

(7)实验中各相浓度，可用 NaOH 标准溶液分析滴定乙酸含量。

(8)刘易斯池内液体回收至废液桶进行回收。

以乙酸为溶质，由一相向另一相传递的萃取实验可进行以下内容：

(1)测定各相浓度随时间的变化关系，求取传质系数。

(2)改变搅拌强度，测定传质系数，关联搅拌速度与传质系数的关系。

(3)进行系统污染前后传质系数的测定，并对污染前后实验数据进行比较，解释系统污染对传质的影响。

(4)改变传质方向，探讨界面湍动对传质系数的影响程度。

(5)改变相应的实验参数或条件，重复(2)(3)(4)的实验步骤。

【实验数据处理】

(1)将实验结果列表，并标绘 C_0、C_W 对 t 的关系图。

(2)根据实验测定的数据，计算传质系数 K_W、K_0。

(3)将不同条件下的传质系数 K_W、K_0 作比较，分析该因素对传质系数的影响。

【结果与讨论】

(1)讨论界面湍动对传质系数的影响。

(2)讨论搅拌速度与传质系数的关系。

(3)解释系统污染对传质系数的影响。

(4)分析实验误差的来源。

【参考文献】

[1]欧阳福承，王广铨，高维平. 水 - 乙酸乙酯 - 乙酸和水 - 乙酸丁酯 - 乙酸两组三元物系液 - 液平衡数据的测定和关联[J]. 化工学报，1985(1)：111 - 117.

实验二 催化反应精馏制乙酸乙酯

【实验目的】

(1)掌握反应精馏的操作。

(2)了解反应精馏与常规精馏的区别。

(3)学会分析塔内物料组成。

【实验原理】

反应精馏过程不同于一般精馏,它既有精馏的物理相变之传递现象,又有物质变性的化学反应现象。两者同时存在,相互影响,使过程更加复杂。因此,反应精馏适合于可逆平衡反应。一般情况下,反应受平衡影响,转化率只能维持在平衡转化的水平;但是,若生成物中有低沸点或高沸点物质存在,则精馏过程可使其连续地从系统中排出,结果超过平衡转化率,大大提高了效率。

对醇酸酯化反应来说是可逆吸热反应,但该反应速度非常缓慢,故一般采用催化反应方式。本实验是以醋酸和乙醇为原料,在硫酸催化下生成醋酸乙酯的可逆反应。反应的化学方程式为:

$$CH_3COOH + C_2H_5OH \Longrightarrow CH_3COOC_2H_5 + H_2O$$

【实验装置及流程】

催化反应精馏法制乙酸乙酯实验装置如图 1 所示。

【实验步骤】

间歇操作流程:将一定量的乙醇、乙酸、浓硫酸倒入塔釜内几滴,开启塔顶冷凝水,开启釜加热系统,开启塔身保温电源。

(1)当塔顶摆锤上有液体出现时,进行全回流操作 15min 后,设定回流比为 3∶1,开启回流比控制电源。

(2)30min 后,用微量注射器在塔身 5 个不同部位取样,应尽量保证同步。

(3)分别将 0.3μL 样品注入色谱分析仪,记录数据,注射器用后应用蒸馏水或丙酮洗清,以备后用。

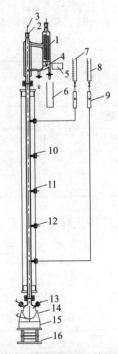

图 1 催化反应精馏法制乙酸乙酯实验装置

1—冷却水;2—塔头;3—热电偶;4—摆锤;
5—电磁铁;6—收集量管;7—乙酸计量管;
8—乙醇及催化剂计量管;9—转子流量计;
10—取样口 S_1;11—取样口 S_2;
12—取样口 S_3;13—进料口;
14—塔釜;15—加热包;16—升降台

（4）重复（3）（4）步操作。

（5）关闭塔釜及塔身加热电源，当不再有液体流回塔釜时，取塔顶馏出液和塔釜残留液称重，并对其进行色谱分析。

（6）关闭冷凝水及总电源。

（7）塔顶馏出液及塔釜液回收至废液桶进行环保回收。

【实验数据处理】

（1）30min 时，塔内不同高度处各物质组成（表1）。

表1　30min 时塔内物质组成

质量分数/%　沿塔位置	水	乙醇	乙酸乙酯
塔顶			
侧上			
侧下			
塔底			

（2）60min 时，塔内不同高度处各物质组成（表2）。

表2　60min 时塔内物质组成

质量分数/%　沿塔位置	水	乙醇	乙酸乙酯
塔顶			
侧上			
侧下			
塔底			

（3）反应停止后质量分数：塔顶冷凝液_____%，塔釜残液_____%（表3）。

表3　反应终止后塔顶和塔釜的物质组成　　　　　　　　　　　%

位置	质量分数			
	水	乙醇	乙酸	乙酸乙酯
塔顶				
塔釜				

（4）塔内不同时间物料随塔高的分布曲线。

（5）原料的转化率及产品的收率。

（6）结果分析与讨论。

实验三 填料塔分离性能的测定

【实验目的】

(1)了解系统表面张力对填料精馏塔效率的影响机理。

(2)测定甲酸–水系统在正、负系统范围的 HETP。

【实验原理】

填料塔是生产中广泛使用的一种塔型，在进行设备设计时，要确定填料层高度，或确定理论塔板数与等板高度 HETP。其中理论板数主要取决于系统性质与分离要求，等板高度 HETP 则与塔的结构、操作因素及系统物性有关。

由于精馏系统中低沸组分与高沸组分表面张力上的差异，沿着气液界面形成了表面张力梯度，表面张力梯度不仅能引起表面的强烈运动，而且还可导致表面的蔓延或收缩。这对填料表面液膜的稳定或破坏及传质速率都有密切关系，从而影响分离效果。

根据热力学分析，为使喷淋液能很好地润湿填料表面，在选择填料的材质时，要使固体的表面张力 σ_{SV} 大于液体的表面张力 σ_{LV}。然而，有时虽已满足上述热力学条件，但液膜仍会破裂形成沟流，这是由于混合液中低沸组分与高沸组分表面张力不同，随着塔内传质传热的进行，形成表面张力梯度，造成填料表面液膜的破碎，从而影响分离效果。

根据系统中组分表面张力的大小，可将二元精馏系统分为以下三类。

(1)正系统：低沸组分的表面张力 σ_l 较低，即 $\sigma_l < \sigma_h$。当回流液下降时，液体的表面张力 σ_{LV} 值逐渐增大。

(2)负系统：与正系统相反，低沸组分的表面张力 σ_l 较高，即 $\sigma_l > \sigma_h$。因而回流液下降过程中表面张力 σ_{LV} 逐渐减小。

(3)中性系统：系统中低沸组分的表面张力与高沸组分的表面张力相近，即 $\sigma_l \approx \sigma_h$，或两组分的挥发度差异甚小，使得回流液的表面张力值并不随着塔中的位置有多大变化。

在精馏操作中，由于传质与传热的结果，导致液膜表面不同区域的浓度或温度不均匀，使表面张力发生局部变化，形成表面张力梯度，从而引起表面层内液体的运动，产生马兰戈尼(Marangoni)效应。这一效应可引起界面处的不稳定，形成旋涡；也会造成界面的切向和法向脉动，而这些脉动有时又会引起界面的局部破裂，因此由 Marangoni 效应引起的局部流体运动反过来又影响传热传质。

填料塔内，相际接触面积的大小取决于液膜的稳定性，若液膜不稳定，液膜破裂形成沟流，使相际接触面积减少。由于液膜不均匀，传质也不均匀，液膜较薄的部分轻组分传出较多，重组分传入也较多，于是液膜薄的地方轻组分含量就比液膜厚的地方小。对正系统而言[图 1(a)]，由于轻组分的表面张力小于重组分，液膜薄的地方表面张力较大，而液膜较厚部分的表面张力比较薄处小，表面张力差推动液体从较厚处流向较薄处，这样液膜修复，变得稳定。对于负系统[图1(b)]，则情况相反，在液膜较薄部分表面张力比液膜较厚部分的表面张力小，表面张力差使液体从较薄处流向较厚处，这样液膜被撕裂形成沟流。实验证明，正、负系统在填料塔中具有不同的传质效率，负系统的等板高度（HETP）比正系统大1倍甚至1倍以上。

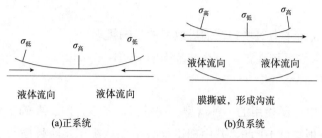

图1　表面张力梯度对液膜稳定性的影响

本实验使用的精馏系统为具有最高共沸点的甲酸－水系统。试剂级的甲酸质量分数为含85%左右的水溶液，在使用同一系统进行正系统和负系统实验时，必须将其浓度配制在正系统与负系统的范围内。甲酸－水系统的共沸组成为：$x_{H_2O} = 0.435$，而质量分数85%甲酸的水溶液中含水量化为摩尔分率为0.3048，落在共沸点的左侧，为正系统范围，水－甲酸系统的 $x-y$ 图如图2所示。其气液平衡数据如表1所示。

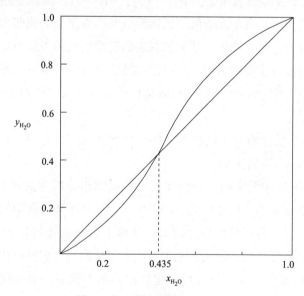

图2　水－甲酸系统的 $x-y$ 图

表1　水－甲酸系统气液平衡数据

$t/℃$	102.3	104.6	105.9	107.1	107.6	102.6	107.1	106.0	104.2	102.9	101.8
x_{H_2O}	0.0405	0.155	0.218	0.321	0.411	0.464	0.522	0.632	0.740	0.829	0.900
y_{H_2O}	0.0245	0.102	0.162	0.279	0.405	0.482	0.567	0.718	0.836	0.907	0.951

【实验装置及流程】

本实验所用的玻璃填料塔内径为 31mm，填料层高度为 540mm，内装：4mm × 4mm × 1mm 磁拉西环填料，整个塔体采用导电透明薄膜进行保温。蒸馏釜为 1000mL 圆底烧瓶，用功率 350W 的电热碗加热。塔顶装有冷凝器，在填料层的上、下两端各有一个取样装置，其上有温度计套管可插温度计(或铜电阻)测温。塔釜加热量用晶闸管调压器调节，塔身保温部分亦用晶闸管电压调整器对保温电流大小进行调节，实验装置如图 3 所示。

【预习与思考】

(1)什么是正系统、负系统？正、负系统对填料塔的效率有什么影响？

(2)从工程角度出发，讨论研究正、负系统对填料塔效率的影响有什么意义？

(3)本实验通过怎样的方法，得出负系统的等板高度(HETP)大于正系统的 HETP？

(4)设计一个实验方案，包括如何做正系统与负系统的实验，如何配制溶液(假定含质量分数 85% 甲酸的水溶液 500mL，约 610g)。

(5)为什么水－甲酸系统的 $x-y$ 图中，共沸点的左侧为正系统，右侧为负系统？

(6)估计正、负系统范围内塔顶、塔釜的浓度。

(7)操作中要注意哪些问题？

(8)提出分析样品甲酸含量的方案。

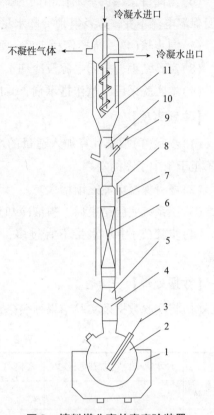

图3 填料塔分离效率实验装置

1—电热包；2—蒸馏釜；
3—釜温度计；4—塔底取样段温度计；
5—塔底取样装置；6—填料塔；
7—保温夹套；8—保温温度计；
9—塔顶取样装置；
10—塔顶取样段温度计；11—冷凝器

【实验步骤与方法】

测量填料层高度，实验分别在正系统与负系统的范围下进行，其步骤如下：

(1)正系统：取质量分数 85% 的甲酸－水溶液，略加一些水，使入釜的甲酸－水溶液既处在正系统范围，又更接近共沸组成，使画理论板时不至于集中于图的左端；

(2)将配制的甲酸－水溶液加入塔釜，并加入沸石，检查系统的密闭性；

(3)打开冷却水，开启塔釜加热器，由调压器控制塔釜的加热量与塔身的保温电流；

(4)本实验为全回流操作，待操作稳定后，可用长针头注射器在上、下两个取样口同时取样分析；

(5)待正系统实验结束后，按计算再加入一些水，使之进入负系统浓度范围，但加水量不宜过多，造成水的浓度过高，使画理论板时集中于图的右端；

（6）为保持正、负系统在相同的操作条件下进行实验，则应保持塔釜加热电压不变，塔身保温电流不变，以及塔顶冷却水量不变；

（7）同步骤（4），待操作稳定后，取样分析；

（8）实验结束，关闭电源及冷却水，待釜液冷却后倒入废液桶中进行回收；

（9）本实验采用酚酞作指示剂，0.1N NaOH 标准溶液滴定分析。

【注意事项】

（1）步骤（1）根据计算加入适量的水，使系统处于正系统又接近共沸组成，画理论板时不至于集中于图的左端。

（2）塔身保温电流逐渐增大。

（3）正系统实验结束后，料液冷却至 100℃下再加水。

（4）步骤（5）中加水量不宜过多，造成水的浓度过高，避免画理论板时集中在图的右端。

【数据处理】

（1）将实验数据及实验结果列表（表2、表3）。

表2　实验过程数据记录表

	加水量/mL	加热电压/V	釜温/℃	保温电压/V	塔身温度/℃	塔顶温度/℃	填料高度/cm
正系统							
负系统							

表3　实验过程分析数据记录表

	正系统		负系统	
	塔顶	塔釜	塔顶	塔釜
称量瓶重/g				
样品＋称量瓶重/g				
样品/g				
NaOH 滴定管初读数/mL				
NaOH 滴定管终读数/mL				
NaOH 用量/mL				

（2）根据水 – 甲酸系统的气液平衡数据，作出水 – 甲酸系统的 $x – y$ 图。

（3）在图上画出全回流时正、负系统的理论板数。

（4）求出正、负系统相应的 HETP。

【实验结果讨论】

(1)比较正负系统等板高度(HETP)的差异,并说明原因。

(2)实验中,塔釜加热量的控制有何要求,为什么?

(3)实验中,塔身保温控制有何要求,为什么?

(4)分析实验中可能出现的误差,并说明如何避免人为误差。

第8章　化工设备机械基础实验

实验一　低碳钢、铸铁材料的拉伸实验

常温、静载作用下(应变速率$\leqslant 10^{-1}$)的轴向拉伸实验是测量材料力学性能中最基本、应用最广泛的实验。通过拉伸实验，可以全面地测定材料的力学性能，如弹性、塑性、强度、断裂等力学性能指标。这些性能指标对材料力学的分析计算、工程设计、选择材料和新材料开发都有极其重要的作用。

【实验目的】

(1)测定低碳钢的下列性能指标：两个强度指标：流动极限σ_s、强度极限σ_b；两个塑性指标：断后伸长率δ、断面收缩率φ；测定铸铁的强度极限σ_b。

(2)观察上述两种材料在拉伸过程的各种实验现象，并绘制拉伸实验的$F - \Delta L$曲线。

(3)分析比较低碳钢(典型塑性材料)和铸铁(典型脆性材料)的力学性能特点与试样破坏特征。

(4)了解实验设备的构造和工作原理，掌握其使用方法。

(5)了解名义应力应变曲线与真实应力应变曲线的区别，并估算试件断裂时的应力σ_k。

【实验原理】

对一确定形状试件两端施加轴向拉力，使有效部分为单轴拉伸状态，直至试件拉断，在实验过程中通过测量试件所受荷载及变形的关系曲线并观察试件的破坏特征，依据一定的计算及判定准则，可以得到反映材料拉伸试验的力学指标，并以此指标来判定材料的性质。为便于比较，选用直径为10mm的典型塑性材料低碳钢Q235及典型脆性材料灰铸铁HT200标准试件进行对比实验。常用的试件形状如图1所示，实验前在试件标距范围内有均匀的等分线。

图1　常用拉伸试件形状

典型的低碳钢(Q235)的$F - \Delta L$曲线和灰口铸铁(HT200)的$F - \Delta L$曲线如图2、图3所示。

低碳钢Q235试件拉伸试验的断口形状如图4所示，

铸铁 HT200 试件拉伸试验的断口形状如图 5 所示。观察低碳钢的 $F-\Delta L$ 曲线，并结合受力过程中试件的变形，可明显地将其分为 4 个阶段：弹性阶段、屈服阶段、强化阶段、颈缩和断裂阶段。

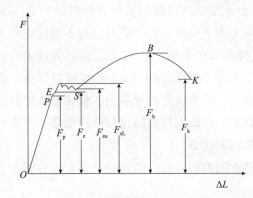

图 2 低碳钢拉伸 $F-\Delta L$ 曲线

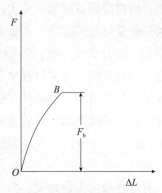

图 3 灰口铸铁拉伸 $F-\Delta L$ 曲线
F_b—极限荷载

F_p—比例伸长荷载；F_e—弹性伸长荷载；F_{su}—上屈服荷载；
F_{sL}—下屈服荷载；F_b—极限荷载；F_k—断裂荷载

图 4 低碳钢 Q235 试件拉伸实验的断口形状

图 5 铸铁 HT200 试件拉伸实验断口形状

（1）弹性阶段（OE）

在 OP 阶段中的拉力和伸长呈正比关系，表明低碳钢的应力与应变为线性关系，遵循胡克定律。故 P 点的应力称为材料的比例极限，如图 2 所示。若当应力继续增加达到材料弹性极限 E 点时，应力和应变间的关系不再是线性关系，但变形仍然是弹性的，即卸除拉力后变形恢复。工程上对弹性极限和比例极限并不严格区分，而统称为弹性极限，它是控制材料在弹性变形范围内工作的有效指标，在工程上有实用价值。

（2）屈服阶段（ES）

当拉力超过弹性极限到达锯齿状曲线时，拉力不再增加或开始回转并振荡，这时在试样表面上可看到表面晶体滑移的迹线。这表明在试件承受的拉力不继续增加或稍微减少的情况下试件继续伸长，称为材料屈服，其应力称为屈服强度（流动极限）。拉力首次回转前的最大力（上屈服力 F_{su}）及不计初始瞬时效应（不计载荷首次下降的最低点）时的最小力（下屈服力 F_{sL}）所对应的应力为上、下屈服强度。由于上屈服强度受变形速度及试件形式等因素的影响有一定波动，而下屈服强度则比较稳定，故工程中一般只测定下屈服强度。其计算公式为：$\sigma_{sL} = F_{sL}/S_0$。屈服应力是设计材料许用应力的一个重要指标。

（3）强化阶段（SB）

过了屈服阶段以后，试件材料因塑性变形其内部晶体组织结构重新得到调整，其抵抗变形的能力有所增强，随着拉力增加，伸长变形也随之增加，拉伸曲线继续上升。SB 曲线段称为强化阶段，随着塑性变形量增大，材料的力学性能发生变化，即材料的变形抗力提高，塑性变差，这个阶段称为强化阶段。当拉力增加，拉伸曲线到达顶点时，曲线开始返回，而曲线顶点所指的最大拉力为 F_b，由此求得的材料的抗拉强度极限为 $\sigma_b = F_b/S_0$，它也是衡量材料强度的一个重要指标。实际上由于试件在整个受力过程中截面面积不断发生变化，按公式 $\sigma_b = F_b/S_0$ 得到抗拉强度极限为名义值，σ_b 并非是荷载为最大值时的真实应力，也非整个拉伸过程中的最大应力，从拉伸实验的 $F - \Delta L$ 曲线可以看出，试件并非在最大荷载时断裂。试件在拉过最大荷载后，仍有确定的承载力，低碳钢拉伸的过程中试件的应变持续增加，而应变是由应力引起的，低碳钢拉伸的过程同样也是一个应力持续增加的过程，试件的最大应力应为试件断裂时的应力。

虽然，按公式 $\sigma_b = F_b/S_0$ 得到抗拉强度极限为名义值，但这种计算办法有利于工程设计，有着普遍的工程意义。

(4)颈缩和断裂阶段(BK)

对于塑性材料来说，在承受拉力 F_b 以前，试样发生的变形各处基本上是均匀的。但在达到 F_b 以后，变形主要集中于试件的某一局部区域，该处横截面面积急剧减小，这种现象即是"颈缩"现象，此时拉力随之下降，直至试件被拉断，其断口形状成杯锥状。试件拉断后，弹性变形消失，而塑性变形则保留在拉断的试件上。利用试件标距内的塑性变形及试件断裂时的荷载来计算材料的断裂伸长率、断面收缩率及断裂应力估算值。

断裂伸长率：
$$\delta = \frac{L_k - L_0}{L_0} \times 100\%$$

式中　δ——延伸率；

　　　L_0——原始标距；

　　　L_k——断后标距。

断面收缩率：
$$\varphi = \frac{A_0 - A_k}{A_0} \times 100\%$$

式中　φ——延伸率；

　　　A_0——原始截面面积；

　　　A_k——断后最小截面面积。

断裂应力估算值：
$$\sigma_k = F_k/A_k$$

式中　σ_k——断裂应力估算值；

　　　F_k——断裂荷载；

　　　A_k——断裂处最小截面面积。

由延伸率 δ 的定义可以看出，δ 为标距长度范围内延伸的均值，实际上由于试件颈缩导致试件在标距范围内的变形并不均匀，若事先在试件表面做等长标记，将试件分成等长的多段小标距，断裂后会发现，小标距离颈缩点越近变形越大，离颈缩点越远变形越小，且呈对称分布，最终趋于变形均匀。这样，同样材质、同样直径的试件采用不同的标距进行计算时会有不同的 δ，为使材料拉伸实验的结果具有可比性与符合性，国家已制定统一标准 GB/T 228.1—2021《金属材料 第 1 部分：室温试验方法》。规定拉伸试件分为比例和定标距两种，表面分为经机加工试样和不经机加工的全截面试件，通常多采用经机加工的圆形截面试件或矩形截面试件比例试样标距 L_0 按公式 $L_0 = K\sqrt{S_0}$ 确定，式中 S_0 为试件的截面面积，系数 K 通常为 5.65 或 11.3，前者为短试件，后者为长试件。对于直径为 10mm 的试件而言，短、长试件的标距 L_0 应分别等于 50mm 及 100mm，即 $L_0 = 5d_0$ 或 $L_0 = 10d_0$，对应的延伸率分别定义为 δ_5 和 δ_{10}。通常，延伸率小的材料多采用短标距试件，延伸率大的材料多采用长标距试件。

同样，由于低碳钢试件颈缩变形的不均匀性和梯次递减的特性，同样的试件，当断口在中间时和断口在靠近边缘时会有一定的差异，这样不利于数据的相互比较，为减小由于断口位置导致的误差，GB/T 228.1—2021《金属材料 第 1 部分：室温试验方法》规定：若断口距标距端点的距离小于或等于 $L_0/3$ 时，则需要用"移位法"来计算 L_k。其方法是：以断点为中心，利用长段上相对应的变形格的长度加到短段已有的变形格上，使短段的计算变形格数为 $N/2$ 或 $N/2 - 1$ 个(N 为原始有效标距的个数)，加上长段的 $N/2$ 或 $N/2 + 1$ 个格数的长度，就为断裂后的计算长度 L_k。金属材料塑性断裂变形示意如图 6 所示。

图6　金属材料塑性断裂变形示意

在图 6 中，假定断口在试件中间，则有 $L1 \approx L1'$，$L2 \approx L2'$，$L3 \approx L3'\cdots$，$L1 > L2 > L3\cdots$。

这样通过移位处理就可以减小由于试件断裂位置不同引起的误差。图 7 所示为金属材料移位处理示意。

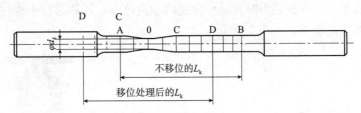

图7　位法处理示意

从图 7 可以看出，不进行移位处理时 $L_k = L_{AD} + L_{DB}$，进行移位处理后 $L_k = L_{AD} + L_{CD}$，由于试件断裂的不均匀性可知：$L_{CD} > L_{DB}$，因此经移位处理后的 L_k 大于未移位处理的 L_k，且其更接近于断点在试件中间的情形，这样有利于提高实验结果的相符性及可比性。

通过断裂应力估算值 σ_k 的计算，并将其与名义拉伸强度 σ_b 相比较，可以明显地看出 $\sigma_k > \sigma_b$，由于公式 $\sigma_k = F_k/A_k$ 中，A_k 为断裂后的测量值，且试件颈缩过程中有一定的应力分布不均匀现象，所以，σ_k 为估算值，但其较接近真值。

这样通过对低碳钢拉伸实验过程中 $F - \Delta L$ 曲线的分析就可得到反映低碳钢抵抗拉伸荷载的力学性能指标：屈服强度(σ_s)、抗拉强度(σ_b)、延伸率(δ_5/δ_{10})、断面收缩率

（φ）、断裂应力（σ_k）。

同样，通过对铸铁试件 $F-\Delta L$ 曲线的分析可以得到反映铸铁抵抗拉伸荷载的相应力学性能指标，对于典型的脆性材料铸铁，观察其 $F-\Delta L$ 曲线可发现在整个拉伸过程中变形很小，无明显的弹性阶段、屈服阶段、强化阶段、局部变形阶段，在达到最大拉力时，试样断裂。观察实验现象可发现无屈服、颈缩现象，其断口是平齐粗糙的，属脆性破坏，但由于铸铁在拉伸实验过程中未表现出塑性指标，所以，在拉伸实验过程中只能测得其抗拉强度（σ_b）。

【实验方案】

1. 实验设备、测量工具及试件

YDD-1型多功能材料力学试验机（图8）、150mm游标卡尺、标准低碳钢、铸铁拉伸试件（图1）。

YDD-1型多功能材料力学试验机由试验机主机部分和数据采集分析两部分组成，主机部分由加载机构及相应的传感器组成，数据采集部分完成数据的采集、分析等。

试件采用标准圆柱体短试件，为方便观测试件的变形及判定延伸率，试验前需用游标卡尺测量出试件的最小直径，根据试件的最小直径（d_0）确定标距的长度（L_0，需进行必要的修约），并在标距长度内均匀制作标记，为方便数据处理，通常将标距长度10等分刻痕。常用的标记方式有：机械刻痕、腐蚀刻痕、激光刻痕等。图1为已进行刻痕处理的低碳钢拉伸短试件。

2. 装夹、加载方案

安装好的拉伸试件如图9所示。实验时，装有夹头的试件通过夹头与试验机的上、下夹头相连接，上夹头通过铰拉杆与试验机的上横梁呈铰接状态，实验时，当油缸下行带动下夹头向下移动并与夹头相接触时，试件便受到轴向拉力。加载过程中通过控制进油手轮的旋转来控制加载速度。

图8　YDD-1型多功能材料力学试验机

图9　安装好的拉伸试件

3. 数据测试方案

试件所受到的拉力通过安装在油缸底部的拉、压力传感器测量，变形通过安装在油缸活塞杆内的位移传感器测量。

4. 数据的分析处理

数据采集分析系统，实时记录试件所受的力及变形，并生成力、变形实时曲线及力、变形 $X-Y$ 曲线。图 10 所示为实测低碳钢拉伸实验曲线。图 11 所示为实测铸铁拉伸实验曲线。

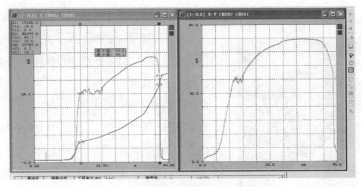

图 10 实测低碳钢拉伸实验曲线

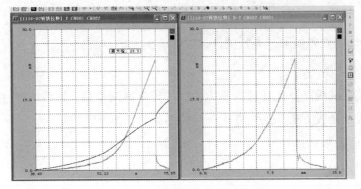

图 11 实测铸铁拉伸实验曲线

在图 10 中，左窗口为力、变形实时曲线，上部曲线为试件所受的力，下部曲线为试件的变形。右窗口为力、变形的 $X-Y$ 曲线。从力变形的 $X-Y$ 曲线可以清晰地区分低碳钢拉伸的 4 个阶段：弹性阶段、屈服阶段、强化阶段和颈缩断裂阶段。在左窗口中，移动光标可以方便地读取所需数据，如屈服荷载 F_s、极限荷载 F_b、断裂荷载 F_k。

实验中需要的其他数据，如原始标距断裂后的长度 L_k、断裂处最小截面面积 A_k，依据实验要求由游标卡尺直接或间接测量。

在图 11 中，通过移动光标可得到铸铁拉伸的极限荷载 F_b，通过峰值光标或利用统计功能可得到极限荷载。

得到相关数据后，依据实验原理，即可得到所需的力学指标。

【实验操作步骤】

1. 试件原始参数的测量及标距的确定

实验采用标准短试件，试件形状如图6所示，用游标卡尺在标距长度的中央和两端的截面处，按两个垂直的方向测量直径，取其算术平均值，选用三处截面中最小值进行计算。依据测得的直径确定标距长度($5.65\sqrt{S_0}$)并修约到最接近的5mm的倍数的长度，并在原始标距长度L_0范围内标记十等分格用于测量试件破坏后的伸长率。

2. 装夹试件

（1）旋转上夹头使之与上横梁为铰接状态(夹头可以灵活晃动)。

（2）用M6的内六角扳手先后插入上下夹头一侧的锁孔内，逆时针旋转打开闭合的夹片。图12所示为试件装夹示意。

（3）将试件插入上夹头内，当试件夹持部分刚好遮住夹头观察孔时，顺时针旋转内六角扳手，夹紧试件。调整试验机下夹头的位置，操作步骤：关闭"进油手轮"，打开"调压手轮"，选择"油泵启动""油缸上行"，打开"进油手轮"，下夹头上行。此时严禁将手放在上、下夹头的任何位置，当试件下部夹持部分没入下夹头两夹片之间时，关闭"进油手

图12　试件装夹示意

轮"，顺时针旋转内六角扳手，夹紧试件，试件装夹完毕。

3. 连接测试线路

按要求连接测试线路，1CH选择测力，3CH道选择测位移。连线时应注意不同类型传感器的测量方式及接线方式。连线方式应与传感器的工作方式相对应。

4. 设置数据采集环境

（1）进入测试环境

按要求连接测试线路，确认无误后，打开仪器电源及计算机电源，双击桌面上的快捷图标，提示检测到采集设备→确定→进入如图13所示的测试环境。

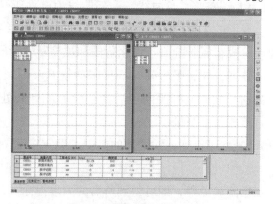

图13　数据采集分析环境

（2）设置测试参数

测试参数是联系被测物理量与实测电信号的纽带，设置正确合理的测试参数是得到正确数据的前提。测试参数由通道参数、采样参数及窗口参数三部分组成。

检测到仪器后，系统将自动给出上一次实验的测试环境。

①通道参数

通道参数位于采集环境的底部，反映被测工程量与实测电信号之间的转换关系，由通道号、测量内容、工程单位、转换因子及满度值组成。

通道号：与测试分析系统的通道一一对应。一般选择 1 通道测量试件所受的荷载，3 通道测量试件的变形（位移）。

测量内容：由被测电信号的类型决定，由数据采集内（电压测量）、应力应变、脉冲计数等组成。由于荷载、位移通道所测信号均为传感器输出的电压信号，故均选择数据采集内（电压测量）。

工程单位：被测物理量的工程单位。荷载（kN）、变形（mm）。

转换因子：转换因子由 a、b、c 三个系数组成，其与被测物理量（Y）及传感器输出的电压（X，单位 mV）有如式（1）所示的关系：

$$Y = aX^2 + bX + c \tag{1}$$

需要说明的是：由于试验机所采用的传感器类型并不相同，以及同一类型的传感器个体之间存在差异，不同试验机的转换因子并不相同。如当通过拉、压力传感器直接测量试件所受的荷载时，只需选择修正比例系数 b 即可，且拉、压实验具有相同的系数；而当通过测量油缸油压间接测量试件的荷载时，由于油缸活塞杆运行时的摩擦力及油缸拉压面积的不等，需要选择 b、c 两个系数，且拉、压时，两个系数各不相同。

因此，在输入相关系数时，一定要确保数据的正确性。

满度值：即通道的量程，每一通道均有不同的量程，需选择与被测信号相匹配的量程。荷载通道的量程为 2.5/10mV，变形通道的量程为 5000mV。需要注意的是，满度值通常显示工程单位的满度值，即满度值受修正系数的影响。

②采样参数

"采样参数"包括测试方式、采样频率及实时压缩时间等，如图 14 所示。

单击"设置"按钮，选择采样参数。其中测试方式包括拉压测试和扭转测试两种方式，拉压测试方式采用定时采样的方式，采样频率即为其记录数据的频率；扭转测试是以脉冲触发的方式记录数据，采样频率为其判断脉冲有无的频率。拉伸实验时，设置采样频率："20～100Hz"，"拉压测试"。

③窗口参数

窗口是指在实验中显示及实验完成后分析数据而设置的曲线窗口，位于整个数据采集分

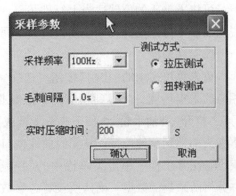

图 14 "采样参数"对话框

析环境的中部，曲线分为实时曲线及 $X-Y$ 函数曲线两种，每个实时曲线窗口可显示 4 条实时曲线，每个 $X-Y$ 函数曲线窗口可显示 2 条 $X-Y$ 函数曲线。在拉伸实验中主要应用 $X-Y$ 函数曲线窗口及实时曲线窗口，$X-Y$ 函数曲线窗口用以观测试件所受力与变形的关系，即 $F-\Delta L$ 关系曲线，实时曲线窗口以时间为横坐标，实时显示 1024 个数据。

窗口参数的设置包括窗口的新建、关闭、排列、绘图方式、图例、曲线颜色、文字颜色、统计信息、坐标等，各参数的选择可通过菜单栏或按相应的快捷键进入。拉伸试验可以开设两个数据窗口，左窗口，力、变形实时曲线；右窗口，力、变形的 $X-Y$ 曲线，并设置好窗口的其他参数如坐标等。

设置坐标参数时，需对被测试件的极限承载力及变形进行预估，这样可以得到较好的图形比例。对于直径为 10mm 的低碳钢（Q235）试件，计算其极限承载力不超过 45kN，变形不超过 50mm，故设置其纵横坐标的上限均为 50kN（mm），考虑初始零点并非绝对零值，故将其坐标的下限设置成一较小的负值。实际上，在数据采集的过程中可以随时在不中断数据采集的前提下进行窗口参数的修改，但在实验前对所采数据进行相应的判断并设置较为合理的窗口，还是很有必要的。

对比当前各参数与实际的测试内容是否相符，若相符进入"数据预采集"，如不符，则应选择正确的参数或通过引入项目的方式引入所需的测试环境。具体操作：打开"文件"，选择"引入项目"，引入所需的采集环境。

（3）数据预采集

①采集设备满度值对应检查

检查采集设备各通道显示的满度值是否与通道参数的设定值相一致，如不一致，需进行初始化硬件操作，单击菜单栏中的"控制"按钮，选择"初始化硬件"选项，即可实现采集设备满度值与通道参数设置满度值相一致。

②数据平衡、清零

单击菜单栏中的"控制"按钮，选择"平衡"选项，对各通道的初始值进行硬件平衡，可使所采集到的数据接近于 0，然后，单击菜单栏中的"控制"按钮，选择"清除零点"选项，"清除零点"为软件置 0，可将平衡后的残余零点清除。此时若信号有无法平衡提示，说明通道的初始值过大，尤其是试件变形通道容易出现此情况，说明下夹头的位置过于靠下，可将下夹头的位置适当上行即可。对于平衡前有过载指示，平衡后指示消失的情形，说明仪器本身记忆的初始平衡值过大，属正常情况。

③启动采样

单击菜单栏中的"控制"按钮，选择"启动采样"选项，选择好数据存储的目录，进入相应的采集环境，采集到相应的零点数据，此时启动油泵，选择"压缩上行"或"拉伸下行"，打开"进油手轮"，使下夹头上行或下行，此时采集到的数据会发生相应的变化，将下夹头调整到拉伸位置。从实时曲线窗口内可以读到相应的力和位移的零点数据，证明采集设备正常工作。单击菜单栏中的"控制"按钮，选择"停止采样"选项，停止采集数据，并分析所采集的数据，确认所设置各参数的正确性。

至此，完成数据采集环境的设置。

5. 加载测试

在试件装夹完毕，并确定数据采集系统能正常工作后，即可进行加载测试。具体操作步骤如下：

首先确定试验机的状态，"进油手轮"关闭，"调压手轮"关闭。

然后选择"油泵启动""拉伸下行"，完成后，开始数据采集，选择"控制"—"平衡"—"清除零点"，"启动采样"。左窗口，采集到的零点数据，打开"进油手轮"进行加载测试，控制加载速度，注意观察各阶段实验现象，起始阶段应缓慢加载。试件受力后，一是弹性阶段试件所受的荷载与试件的变形呈线性关系。二是进入屈服阶段，此时试件所受的力在一定范围内浮动振荡，而位移不断地向前增加，这就是低碳钢的屈服现象。离开屈服阶段后，进入强化阶段。此时应旋转"进油手轮"加快加载速度，可以看到试件的变形明显加快。注意捕捉颈缩点，颈缩后，为观察颈缩现象，应放慢加载速度。当出现颈缩后，放慢加载速度，至试件断裂后，关闭"进油手轮""停止采样""油泵停止""拉压停止"。这样就完成实验的加载测试过程。

6. 废弃的试件回收至废固桶中

【实验数据分析及报告】

1. 验证数据

设置双窗口显示数据，左窗口实时曲线、右窗口力－位移 X－Y 曲线。单击左窗口，横向压缩数据，显示全数据；单击右窗口，X－Y 增加数据，显示力－位移 X－Y 曲线。从低碳钢拉伸实验曲线中应清晰区分低碳钢拉伸的 4 个阶段，铸铁则无屈服阶段。

2. 读取数据

（1）荷载数据的读取

如图 10 所示，采用双光标可以方便地得到低碳钢拉伸的屈服荷载和极限荷载。选择并移动单光标，结合试件的变形，读出试件的断裂荷载。

铸铁无屈服荷载、极限荷载的读取同低碳钢。

（2）试件变形指标的读取

首先，将断裂后的试件从上下夹头中取出，观察断口形式。然后将断裂后的试件对接，用游标卡尺测量断口直径，垂直方向测量两次，最后测量断裂后试件的标距。为方便测量，也可把试件先取出，然后再测量，采用专门的取出垫块，将带有夹头的试件断口向上放在垫块上，用试件断口保护套套住试件，用锤子敲击试件保护套，便可将断裂后的试件取出，试件的取出工作需要在地面上进行。

需要注意的是，当断口距标距端点的距离小于或等于 $L_0/3$ 时，则需要用"移位法"来计算 L_k。

3. 分析数据

通过实验前的测量及实验后的数据读取得到所需数据，代入相应的公式或计算表格即可得到拉伸的各项力学指标。

4. 实验报告

通过观察试验现象、分析试验数据即可进行试验报告的填写，完成实验报告的各项内容。并总结试验过程中遇到的问题及解决方法。

需要注意的是，由于数据的采集及分析均在计算机上进行，数据的读数位数可能未正确反映试验机的分辨率，读数时首先需确定该通道的分辨率，然后对所读的数据进行相应的取舍。而对于通过计算得到的力学性能指标，其有效数字的位数应能反映试验的精度，即只允许其最后一位为不确定值，且不确定值的大小在试验机的精度范围内，为方便数据处理及便于比较，GB 228—1987 规定了测试结果的修约要求，如表 1 所示。

表 1 GB 228—1987 规定的测试结果的修约要求

测试项目	数值范围	修约值
σ_s、σ_b	$\leqslant 200\,MPa$	$1\,MPa$
	$>200 \sim 1000\,MPa$	$5\,MPa$
	$>1000\,MPa$	$10\,MPa$
δ	$\leqslant 10\%$	0.5%
	$>10\%$	1%
φ	$\leqslant 25\%$	0.5%
	$>25\%$	1%

【实验注意事项】

(1) 在紧急情况下，没有明确的方案时，按急停按钮。

(2) 上夹头应处于活动铰状态，但不应旋出过长，夹头与上横梁垫板之间的间隙应在 3 ~ 10mm。

(3) 调整下夹头开口位置时，需在油缸上行或下行的状态下进行，此时应特别注意手的位置。

(4) 试件装夹时应确保试件在夹片中有全长的工作长度。

(5) 在装夹试件确定油缸位置时，严禁在油缸运行时手持试件在夹头中间判断油缸的位置。

(6) 装夹试件时要调整好试件与下夹头的间隙，间隙在 5 ~ 10mm 较为合适。

(7) 正式采集数据时，应在试件夹头与试件夹头间隙较小时进行重新平衡、清零，这样可使所采集的曲线起始点较为接近零点。

(8) 实验初始阶段加载要缓慢，以免试件屈服阶段变形不充分。

(9) 进行数据采集的第一步为初始化硬件，初始化完成后应确认采集设备的量程指示与通道参数的设定值一致；且平衡后各通道均无过载现象。

(10) 在通过旋转加载控制手轮控制加载速度时，应首先关闭加载控制手轮，然后加载，旋转的圈数推荐值为 1/4 ~ 1/2 圈，不可超过 5 圈，以免将进油阀芯旋出。

实验二 低碳钢、铸铁材料的压缩实验

实验表明，工程中常用的金属塑性材料，其受拉与受压时所表现出的强度、刚度和塑性等力学性能大致相同。广泛使用的脆性材料如铸铁、砖、石等，其抗拉强度很低，但抗压强度却很高。为便于合理选用工程材料，以及满足金属成型工艺的要求，测定材料受压时的力学性能是十分重要的。因此，压缩实验和拉伸实验一样，也是测定材料在常温、静载、单向受力状态下力学性能的最常用最基本的实验之一。

【实验目的】

(1)测定低碳钢压缩实验的屈服极限 σ_s。

(2)测定铸铁压缩实验的抗压强度 σ_b。

(3)观察并比较低碳钢(塑性材料的代表)和铸铁(脆性材料的代表)在压缩时的变形和破坏现象。

【实验原理】

对一确定形状试件(详见试件的制作)两端施加轴向压力，使试件实验段处于单轴压缩状态，试件产生变形，在不断压缩过程中不同材料的试件会有不同的实验现象，在实验过程中通过测量试件所受荷载及变形的关系曲线并观察试件的破坏特征，依据一定的计算及判定准则，可以得到反映材料压缩试验的力学指标，并以此指标来判定材料的性质。为便于比较，选用直径相同的典型塑性材料低碳钢 Q235 及典型的脆性材料灰铸铁 HT200 标准试件进行对比实验，如图 1 所示。

图 1　压缩试件

典型的低碳钢 Q235 的 $F-\Delta L$ 曲线和灰口铸铁 HT200 的 $F-\Delta L$ 曲线如图 2、图 3 所示。

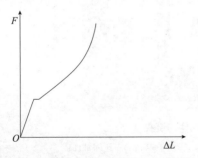

图 2　低碳钢 Q235 压缩 $F-\Delta L$ 曲线

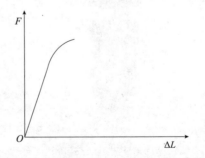

图 3　灰口铸铁 HT200 压缩 $F-\Delta L$ 曲线

低碳钢 Q235 试件的压缩变形过程如图 4 所示，灰口铸铁 HT200 试件的压缩破坏形状如图 5 所示。

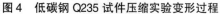

| 图4 低碳钢 Q235 试件压缩实验变形过程 | 图5 灰口铸铁 HT200 试件压缩实验破坏现象 |

观察 $F-\Delta L$ 曲线及试件的变形可发现，低碳钢 $F-\Delta L$ 曲线有明显的拐点，称为屈服点，以此点计算的屈服强度 $\sigma_s = F_s/S_0$，其值与拉伸时屈服强度接近，继续加载，试件持续变形，由中间稍粗的鼓形变成圆饼形，但并不发生断裂破坏。铸铁的 $F-\Delta L$ 曲线无明显拐点，当压力增大时，试件表面出现交错的剪切滑移线，试件中间略微变粗，持续加压剪切滑移线明显增多、增宽，最终试样在与轴线呈 $45°\sim55°$ 的方向上发生断裂破坏，此时施加的压力达到最大值，并以此值定义铸铁的抗压强度 $\sigma_b = F_b/S_0$。

实验表明：材料受轴向力产生压缩变形时，在径向上会产生一定的横向延伸，尤其是到屈服点以后这种变形更为明显，但由于试件两端面与试验机垫板间存在摩擦力，约束了这种横向变形，故压缩试样在变形时会出现中间鼓胀现象，塑性材料试件尤其明显。为减少鼓胀效应的影响，是除了将试样端面制作得光滑外，还在端面上涂上润滑油以进一步减小摩擦力，但这并未完全消除此现象。

【实验方案】

1. 实验设备、测量工具及试件

YDD-1 型多功能材料力学试验机、150mm 游标卡尺、标准低碳钢、铸铁压缩试件（图6）。

图6 压缩实验试件的装夹

1—拉、压上夹头；2—压缩上承压板（带防护罩）；3—压缩试件；
4—压缩下铰承压板；5—压缩下承压板；6—拉、压下夹头

YDD-1 型多功能材料力学试验机由试验机主机部分和数据采集分析两部分组成，主机部分由加载机构及相应的传感器组成，数据采集部分完成数据的采集、分析等。

试件采用标准圆柱体短试件，为方便观测试件的变形及测量低碳钢试件的真实应力，试验前需用游标卡尺测量出试件的最小直径(d_0)及高度(H_0)。

2. 装夹、加载方案

压缩试验时，试件放在下承压板的中央，当控制下承压板上行，试件和上部承压板接触时就会对试件施加一轴向压力。上承压板为一固定承压板，下承压板为一活动铰承压板，在加载过程中起到自动找正的作用，从而保证试件处于单轴受压状态。加载时通过控制进油手轮的旋转来控制加载速度。

3. 数据测试方案

同拉伸实验一样，试件所受到的压力通过安装在油缸底部的拉、压力传感器测量，变形通过安装在油缸活塞杆内的位移传感器测量。与拉伸试验不同的是，在压缩实验中所测得的力及位移均为负值。

4. 数据的分析处理

数据采集分析系统，实时记录试件所受的力及变形，并生成力、变形实时曲线及力、变形 $X - Y$ 曲线。图7所示为实测低碳钢压缩实验曲线。图8所示为实测铸铁压缩实验曲线。

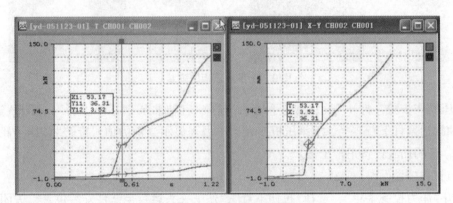

图7 实测低碳钢压缩实验曲线

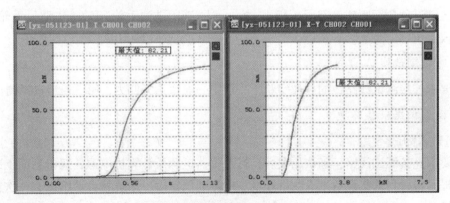

图8 实测铸铁压缩实验曲线

图 7、图 8 中左窗口为力和变形的实时曲线窗口，右窗口为力和变形的 $X - Y$ 曲线窗口。通过移动光标可以方便地读取所需数据。

得到相关数据后，依据实验原理，即可得到所需的力学指标。

【实验操作步骤】

1. 试件原始参数的测量

用游标卡尺在试件的中央按两个垂直方向多次测量试件的直径及试件的原始高度，并将实验数据填入实验表格。

2. 装夹试件

（1）实验预压

将上下承压板分别安装在上下夹头上，如图 9 所示。

图 9　上下承压板的安装

预压操作步骤：打开"压力控制手轮"，选择"启动油泵""压缩上行"，打开"进油手轮"，油缸活塞杆上行，上、下承压板接触，压力表显示当前力值，旋转"调压手轮"，荷载变化，证明加载设备正常工作。

（2）试件安装

打开"压力控制手轮"，选择"拉伸下行"，使下夹头运行至试件安装位置，关闭"进油手轮"，将试件放在下部承压板的中央，选择"压缩上行"，打开"进油手轮"，油缸活塞杆上行至压缩试件顶面距离上部承压板 $1 \sim 2\text{mm}$ 时关闭"进油手轮"，关闭"调压手轮"。这样就完成了试件的装夹。

3. 连接测试线路

按要求连接测试线路，同拉伸实验，一般第一通道选择测力，第三通道选择测位移。

4. 设置数据采集环境

（1）进入测试环境

按要求连接测试线路，确认无误后，打开仪器电源及计算机电源，双击桌面上的快捷图标，提示检测到采集设备进入测试环境。检测到仪器后，系统将自动给出上一次实验的测试环境。

（2）设置测试参数

测试参数是联系被测物理量与实测电信号的纽带，设置合理的测试参数是得到正确数据的前提。测试参数由通道参数、采样参数及窗口参数三部分组成。

①通道参数

选择第1通道测量试件所受的压力，第3通道测量油缸活塞杆位移。需要选择及输入的参数：测量内容、工程单位、修正系数，并选择相应的满度值。

需要注意的是：

a. 同拉伸试验相比，压缩试验数据均为负值，为理解方便，习惯于将相关修正系数设置为负值，这样读取的荷载及变形就为正值。

b. 由于试验机所采用的传感器类型不相同，以及同一类型的传感器个体之间存在差异，不同试验机的转换因子并不相同。如当通过拉、压力传感器直接测量试件所受的荷载时，只需选择修正比例系数 b 即可，且拉、压实验具有相同的系数；而当通过测量油缸油压间接测量试件的荷载时，由于油缸活塞杆运行时的摩擦力及油缸拉压面积的不等，需要选择 b、c 两个系数，且拉、压时，两个系数各不相同。

②采样参数

采样频率："20～100Hz"，"拉压测试"。

③窗口参数

可以开设两个数据窗口，左窗口为力、变形的实时曲线窗口，右窗口为力、变形的 $X-Y$ 曲线窗口，并设置窗口的其他参数如坐标等。在对坐标参数的设置时，需对被测试件的极限承载力及变形进行预估，这样可以得到较好的图形比例。

对比当前各参数与实际的测试内容是否相符，若相符进入"数据预采集"，如不符，则应选择正确的参数或通过引入项目的方式引入所需的测试环境。具体操作：打开"文件"，选择"引入项目"，引入所需的采集环境。

（3）数据预采集

①采集设备满度值对应检查

检查采集设备各通道显示的满度值是否与通道参数的设定值相一致，若不一致，需进行初始化硬件操作，单击菜单栏中的"控制"按钮，选择"初始化硬件"，即可实现采集设备满度值与通道参数设置满度值相一致。

②数据平衡、清零

单击菜单栏中的"控制"按钮，选择"平衡"，对各通道的初始值进行硬件平衡，可使所采集到的数据接近于0，然后，单击菜单栏中的"控制"按钮，选择"清除零点"，"清除零点"为软件置零，可将平衡后的残余零点清除。若信号经平衡后的数值过大，会有相应提示。

此时，仪器的相应通道会有过载指示，说明通道的初始值过大，尤其试件变形通道容易出现此情况，说明下夹头的位置过于靠下，可将下夹头的位置适当上行即可。对于平衡前有过载指示，平衡后指示消失的情形，说明仪器本身记忆的初始平衡值过大，属正常情况。

③启动采样

单击菜单栏中的"控制"按钮，选择"启动采样"选项，选择数据存储的目录，进入相应的采集环境，采集到相应的零点数据，此时从实时曲线窗口内可以读到相应的力和位移的零点数据，证明采集设备能正常工作。单击菜单栏中的"控制"按钮，选择"停止采样"选项，停止采集数据，并分析所采集的数据，确认设置的各参数正确无误。这样就完成了数据采集环境的设置。

5. 加载测试

在试件装夹完毕，并确定数据采集系统能正常工作后，即可进行加载测试。具体操作步骤如下：

首先需要确定试验机的状态，"进油手轮"关闭，"调压手轮"关闭。

然后选择"油泵启动""压缩下行"，完成后，开始数据采集，选择"控制"—"平衡"—"清除零点"，"启动采样"。左窗口，采集到的零点数据，打开"进油手轮"进行加载测试，控制加载速度，注意观察各阶段实验现象，起始阶段应缓慢加载。打开进油手轮进行加载测试，同时注意观察试件屈服、变形等实验现象，开始时应当慢一点。首先是弹性阶段试件所受的荷载与试件的变形呈线性关系，然后是屈服阶段，试件很快就离开屈服阶段，控制进油手轮持续加载，这时可以增大进油手轮的开启程度以增大试件所受的荷载。至120kN，关闭"进油手轮""停止采样""油泵停止""拉压停止"。观察试件的变形。打开"调压手轮""停止采样"，选择"拉伸下行"油缸活塞杆下行，取出试件。比较试件压缩前后的变化。

6. 废件回收

废弃的试件回收至废固桶中。

【实验数据分析及报告】

1. 验证数据

首先双窗口显示全部实验数据，左窗口实时曲线、右窗口力 – 位移 $X – Y$ 曲线。从低碳钢压缩实验曲线中应清晰区分低碳钢压缩的屈服点，铸铁则无屈服点。

2. 读取数据

（1）荷载数据的读取

低碳钢压缩实验中，选择单光标，选择左右图光标同步，放大左图屈服阶段，读取屈服荷载。也可以像拉伸试验一样采取双光标读出屈服荷载。将得到的数据填入相应表格。这样就得到屈服极限 σ_s。

铸铁压缩实验中，无屈服荷载、极限荷载的读取同低碳钢。

（2）试件变形指标的读取

用游标卡尺测量压缩后试件的最大直径及高度，填入相应表格，以得到此次低碳钢压缩实验过程中的最大应力。这样就完成了数据分析的过程。

3. 分析数据

通过实验前的测量及实验后的数据读取得到所需数据，代入相应的公式或计算表格即可得到压缩的各项力学指标。

低碳钢屈服强度：$\sigma_s = F_s / S_0$

铸铁的强度极限：$\sigma_b = F_b / S_0$

对于铸铁试件而言，由于其无屈服现象，故其不存在流动极限 σ_s。

对于低碳钢试件而言，由于在压缩过程中试件的面积不断增大，承受的荷载持续增加，习惯上认为低碳钢试件无极限承载力，但假如计算时考虑试件面积的变化，发现达到一定荷载后，压缩过程的应力应变曲线趋于平缓。在实际实验时，可通过利用在压缩过程中测得的试件高度的变化来求得试件的对应面积，这样就可得到压缩过程的 $\sigma - \varepsilon$ 曲线，在实际分析时将数据转化为 Matlab 格式后进行分析处理，另外，在荷载较大时需考虑机架变形引起的测试误差，可通过在不加试件压缩的情况下测得机架变形与荷载的对应关系，在实际分析数据时去掉此系统误差，这样就可较准确地得到低碳钢压缩时的 $\sigma - \varepsilon$ 曲线。实测的低碳钢压缩过程的 $F - \Delta L$ 与 $\sigma - \varepsilon$ 曲线的比较如图 10 所示。

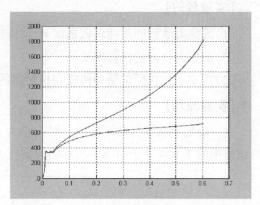

图 10　实测低碳钢压缩实验 $F - \Delta L$ 曲线与 $\sigma - \varepsilon$ 曲线比较

实际上由于低碳钢试件在压缩过程中变形并不均匀，应力沿试件的高度并非均匀分布。可以用试件压缩过程的最大荷载除以试件压缩过程的最大面积近似求得压缩过程的最大应力。

【实验注意事项】

（1）在紧急情况下，没有明确的方案时，按急停按钮。

（2）上夹头应处于固定状态，夹头与上横梁应紧密接触。

（3）若要调整试件的位置应先停止油缸运行，严禁在油缸运行时调整试件的位置。

（4）加载控制手轮、压力控制手轮均为针阀，轻轻用力即可关闭，过于用力会导致阀芯被拧断或长期使用后关闭不严，故关闭加载控制手轮、压力控制手轮时一定要轻轻关闭即可。

（5）装夹试件时要调整好试件与上夹头的间隙，间隙在 2 ~ 3mm 较为合适。

（6）实验初始阶段加载要缓慢，以免试件屈服阶段变形不充分。

（7）在压缩低碳钢试件时要注意观察试件及夹头的偏移，若横向偏移较大，则应停止实验。

（8）上承压板及防护罩重量较大，学生实验结束拆卸时注意保护手的安全，防止意外砸伤。建议一人在试验机后方用双手扣住，另一人在试验机前方拧开夹片。

实验三 低碳钢、铸铁材料的扭转实验

工程中有许多承受扭转变形的构件，了解材料在扭转变形时的力学性能，对于构件的合理设计和选材十分重要。扭转变形是构件的基本变形之一，因此扭转实验也是材料力学基本实验之一。

【实验目的】

(1) 测定低碳钢的扭转屈服强度 τ_s 及抗扭强度 τ_b。

(2) 测定铸铁的抗扭强度 τ_b。

(3) 观察、比较低碳钢和铸铁在扭转时的变形和破坏现象，分析其破坏原因。

【实验原理】

对一确定形状试件两端施加一对大小为 M_e 的外力后，试件便处于扭转受力状态，此时试件中的单元体处于如图 1 所示的纯剪应力状态。

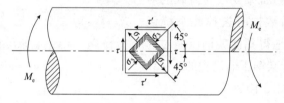

图 1 纯剪应力状态

对单元体进行平衡分析可知，在与试样轴线呈 45° 角的螺旋面上，分别承受主应力 $\sigma_1 = \tau$，$\sigma_3 = -\tau$ 的作用，这样就出现了在同一个试件的不同截面上 $\sigma_{拉} = -\sigma_{压} = \tau$ 的情形。对于判断材料各极限强度的关系提供了一个很好的条件。

图 2 所示为低碳钢 Q235 扭转实验扭矩 T 和扭转角 ϕ 的关系曲线。图 3 所示为铸铁 HT200 试件的扭转实验扭矩 T 和扭转角 ϕ 的关系曲线。图 4 所示为低碳钢和铸铁扭转破坏断口形式。

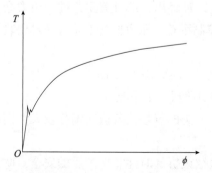

图 2 低碳钢 Q235 扭转试验 $T - \phi$ 曲线

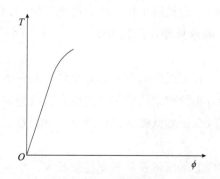

图 3 铸铁 HT200 扭转试验 $T - \phi$ 曲线

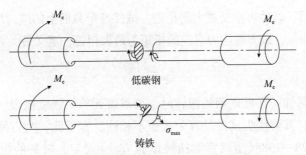

图4　低碳钢和铸铁扭转破坏断口形式

由图2低碳钢扭转 $T-\phi$ 曲线可以看出，低碳钢 Q235 的扭转 $T-\phi$ 曲线类似于拉伸的 $F-\Delta L$ 曲线，有明显的弹性阶段、流动屈服阶段及强化阶段。在弹性阶段，根据扭矩平衡原理，由剪应力产生的合力矩须与外加扭矩相等，可得剪应力沿半径方向的分布 τ_ρ 为：

$$\tau_\rho = \frac{T \cdot \rho}{I_p} \tag{1}$$

在弹性阶段剪应力分布变化如图5所示。

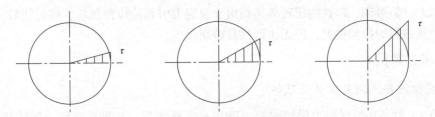

图5　低碳钢扭转试件弹性阶段剪应力分布变化

在弹性阶段剪应力沿圆半径方向呈线性分布，据此可得：

$$\tau_{max} = \frac{T \cdot r}{I_p} = \frac{T}{W_p} \tag{2}$$

当外缘剪应力增加到一定程度后，试件的边缘产生流动现象，试件承受的扭矩瞬间下降，应力重新分布至整个截面上的应力均匀一致，称为屈服阶段，在屈服阶段剪应力分布变化如图6所示。

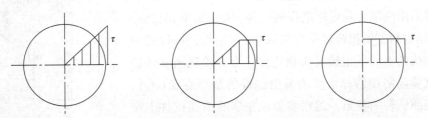

图6　低碳钢扭转试件屈服阶段应力分布变化

称达到均匀一致时的剪应力为剪切屈服强度（τ_s），其对应的扭矩为屈服扭矩，习惯上将屈服段的最低点定义为屈服扭矩，同样根据扭矩平衡原理可得：

$$\tau_s = \frac{3T_s \cdot \rho}{4I_p} = \frac{3T_s}{4W_p} \tag{3}$$

应力均匀分布后，试件可承受更大的扭矩，试件整个截面上的应力均匀增加，直至试件剪切断裂，如图4所示，最大剪应力对应的扭矩为最大扭矩，定义最大剪应力为剪切强度。

$$\tau_b = \frac{3T_b}{4W_p} \tag{4}$$

通过以上分析可知：在低碳钢的扭转时，可以得到剪切强度极限，但由于不同材料的破坏形式并不一致，其剪切强度的计算公式也不相同，鉴于此，为方便不同材料力学特性的比较，GB/T 10128—1988《金属室温扭转试验方法》规定，材料的扭转屈服点和抗扭强度按公式 $\tau_s = T_s/W_p$，$\tau_b = T_b/W_p$ 计算。需要注意的是，国标定义的强度为抗扭强度而非剪切强度。

由图3可以看出，铸铁HT200扭转 $T-\phi$ 曲线类似于拉伸的 $F-\Delta L$ 曲线，没有屈服阶段及强化阶段。由图1纯剪应力状态及图4铸铁扭转破坏断口形式可以看出，铸铁试件是沿与轴线呈45°螺旋面方向被拉伸破坏的，也就是说，在图1纯剪应力状态单元体中，拉应力首先达到拉伸强度值。其抗扭强度的计算同低碳钢试件，且此时抗扭强度等于最大扭矩时的最大剪应力(边缘剪应力)。

由以上分析可知：铸铁的扭转破坏是由于拉应力引起的拉伸破坏，通过扭转实验可间接测得铸铁试件的拉伸强度，但无法得到其剪切强度。

【实验方案】

1. 实验设备、测量工具及试件

YDD-1型多功能材料力学试验机、150mm游标卡尺、标准低碳钢、铸铁扭转试件，如图7所示。

图7 常用扭转试件

YDD-1型多功能材料力学试验机由试验机主机和数据采集分析系统两部分组成，主机部分由加载机构及相应的传感器组成，数据采集部分完成数据的采集、分析等。

试件采用两端为扁形标准扭转试件，按GB/T 10128—2007《金属材料室温扭转试验方法》的规定制作，试件的两端与试验机的上、下扭转夹头相连接。为方便观测试件的变形，试验前需用游标卡尺测量出试件的最小直径(d_0)。为方便观测试件的变形，观察实验现象实验前在试件上作一组如图7所示的矩形框标记。

2. 装夹、加载方案

安装好的试件如图8所示。试件两端为扁形，扭转实验时，试件的两端与试验机的上、下扭转夹头相连接，夹头中间有矩形加载槽。上夹头通过花键轴与扭矩传感器连

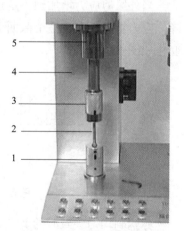

图8 扭转实验试件的装夹

1、3—扭转上下夹头；2—扭转试件；

4—左立柱；5—扭矩传感器

接，花键轴在扭矩传感器中可上下滑动，以适合安装试件。下夹头通过双键与试验机的扭转轴相连接。扭转时，扭矩传感器固定不动，在扭转电动机带动下夹头转动，试件受到扭转。

3. 数据测试方案

扭矩通过上夹头－花键轴传至扭矩传感器，试件的转角通过安装在扭转轴上的光电编码器转化为电压方波信号，转轴每转过一个确定的角度，光电编码器就输出一个方波信号，这样，通过记录方波的数量就可知道试件的转角，扭转时，数据采集系统每检测到一个方波就记录一次数据，并将方波数量代表的转角作为 X 轴，扭矩作为 Y 轴显示数据，这样就得到扭转试验的扭矩－转角曲线。

4. 数据的分析处理

数据采集分析系统，实时记录试件所受的扭矩及转角，并生成扭矩、转角实时曲线。图9所示为实测低碳钢 Q235 扭转实测曲线。图10所示为实测铸铁 HT200 扭转实测曲线。

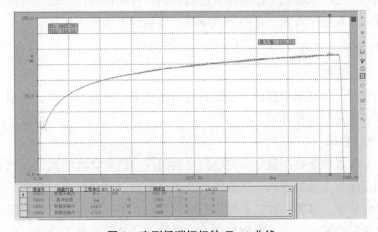

图9 实测低碳钢扭转 $T-\phi$ 曲线

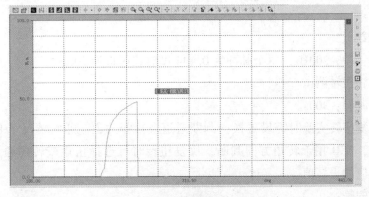

图10 实测铸铁扭转 $T-\phi$ 曲线

在图9低碳钢 Q235 扭转实验曲线中，横坐标为试件的转角，纵坐标为试件所受的扭矩，从扭矩－转角曲线可以清晰地区别低碳钢扭转实验的弹性阶段、屈服阶段，并可方便地读取屈服扭矩、极限扭矩。

得到相关数据后，依据实验原理，即可得到所需的力学指标。

【实验操作步骤】

1. 试件原始参数的测量及标距的确定

实验采用标准短试件，试件形状如图 7 所示，用游标卡尺在标距长度的中央和两端的截面处，按两个垂直的方向测量试件的直径，填入实验表格，取三组数据平均值的最小值进行计算。计算出扭转试件的抗扭截面系数 W_p。

为更好地观察实验现象，实验前，在扭转试件表面制作一组矩形框标记，实验中应注意观察矩形框的变化。

2. 连接测试线路

按要求连接测试线路，一般第 3 通道选择测扭矩，第 8 通道选择测转角，第 7 通道进行扭转方向判断。连接试验机上的转角传感器和扭转传感器接口。连线时应注意不同类型传感器的测量方式及接线方式。连线方式应与传感器的工作方式相对应。

3. 设置数据采集环境

(1) 进入测试环境

首先检测仪器。检测到仪器后，系统将自动给出上一次实验的测试环境。或通过文件引入项目，引入所需的采集环境。

(2) 设置测试参数

测试参数是联系被测物理量与实测电信号的纽带，设置合理的测试参数是得到正确数据的前提。测试参数由系统参数、通道参数及窗口参数三部分组成。其中，系统参数包括测试方式、采样频率、报警参数、实时压缩时间及工程单位等；通道参数反映被测工程量与实测电信号之间的转换关系，由测量内容、转换因子及满度值等组成；窗口参数是指为了在实验中显示及实验完成后分析数据而设置的曲线窗口，曲线分为实时曲线及 $X-Y$ 函数曲线两种。

① 采样参数

采样频率：$50 \sim 200Hz$，每个脉冲为 0.144 度时建议选择 200Hz。

测试方式：扭转测试。

实时压缩时间：300s。

若进行反复扭转实验时需设置换向判断通道及报警通道。通常情况下 8CH 固定用于转角脉冲计数，7CH 用于转角方向判断，反复扭转时可选择扭矩或转角通道作为报警通道，并选择相应的报警值。

需要注意的是：

a. 传感器的接线一定要与通道的参数设置相对应，8CH 固定用于转角测试。

b. 报警通道与报警的选择与实验类型有关，并需与试验机的控制方式相结合，在进行反复扭转实验时，需启动试验机扭转自动控制功能。

②通道参数

通常选择3CH测扭矩，7CH进行扭转方向判断，8CH固定选择测转角。选择及输入的参数有：测量内容、工程单位、修正系数，并选择相应的满度值。

需要注意的是：

a. 需将8CH(固定选择测转角)通道的测量内容设置为"脉冲计数"，且"脉冲计数"功能只有在系统参数中将测试方式设置为"扭转测试"时方可选择，且只有一个通道可选为"脉冲计数"。选为"脉冲计数"的通道需将其满度值设置为5000mV，由于a、c均为0，显示值为$5000 \times b$，b为每个脉冲代表的转角。如当$b = 0.6$时满度值指示值为3000，$b = 0.144$时满度值指示值为720。

b. 7CH为方向判断通道，测量内容选择为"电压测量"(或"数据采集内")，b可选为1，满度值为5000mV。

③窗口参数

可以开设两个数据窗口，左窗口为扭矩、转角的实时曲线窗口，右窗口为扭矩、转角的$X - Y$曲线窗口，并设定窗口的其他参数如坐标等。设置坐标参数时，需对被测试件的极限扭矩及变形进行预估，这样可以得到较好的图形比例。

需要注意的是：

a. 在扭转测试时，数据的记录方式是以脉冲为触发的，即使在普通绘图方式时，窗口的横坐标是转角而不是时间，且转角只有正值，即使在反向扭转时，转角也是一直在增加的。

b. 在进行反复扭转实验时，在$X - Y$方式下，转角有正、负之分，正向扭转为正，反向扭转为负。

对比当前各参数与实际的测试内容是否相符，若相符进入"数据预采集"，如不符，则应选择正确的参数或通过引入项目的方式引入所需的测试环境。

(3)数据预采集

①采集设备满度值对应检查

检查采集设备各通道显示的满度值是否与通道参数的设定值相一致，如不一致，需进行初始化硬件操作，单击菜单栏中的"控制"按钮，选择"初始化硬件"选项，即可实现采集设备满度值与通道参数设置满度值相一致。

②数据平衡、清零

单击菜单栏中的"控制"按钮，选择"平衡"选项，对各通道的初始值进行硬件平衡，可使所采集到的数据接近于零，然后，单击菜单栏中的"控制"按钮，选择"清除零点"选项，"清除零点"为软件置零，可将平衡后的残余零点清除。

由于传感器输出的电压在平衡时可能为一较高的电压，对于平衡范围较小的测试系统有时会超出采集系统的平衡范围，此时若信号经平衡后的数值过大，在"清除零点"时会有相应提示，且仪器的相应通道会有过载指示，说明通道的初始值过大，尤其是脉冲计数通道容易出现此情况，说明脉冲计数通道电压处于高电平，此时应启动扭转启动，然后停止，重新"平衡""清零"，观察"过载指示"是否清除，若未清除重复上述操作，直至"过载指示"清除为止。对于平衡前有过载指示，平衡后指示消失的情形，说明仪器本身记忆的初始平衡值过大，属正常情况。

③启动采样

单击菜单栏中的"控制"按钮，选择"启动采样"选项，选择数据存储目录，进入相应的采集环境，此时并未采到数据，这是因为数据采集系统每检测到一个方波就记录一次数据，扭转电机未启动时，光电编码器没有转角输出，采集系统并不记录数据。选择"正向扭转"，起动电机正向扭转，数据采集系统显示采集到的零点数据，$X-Y$ 图中，转角正向增加，用手扭转上夹头，采集到的扭矩就产生了相应的变化，正向扭矩为正值，反之为负值。此时，选择"反向扭转"，起动电机反向扭转，$X-Y$ 图中，转角负向减少。证明采集系统和设备均能正常工作。

单击菜单栏中的"控制"按钮，选择"停止采样"选项，停止采集数据，并分析所采集的数据，确认设置的各参数正确。

至此，完成了数据采集环境的设置。

4. 装夹试件

在确信设备和采集环境运行良好后，即可进行试件的装夹，安装时，将试件的一端安装在上夹头内，下拉上夹头，使试件的另一端接近下夹头，通过控制电动机正、反向转动，调整下夹头位置，使试件可以方便地进入下夹头，向下轻推上夹头，松手后，依靠摩擦力保证上夹头不被拉回。反复扭转时，需使用夹头紧定螺钉。

至此，完成了试件的装夹。

5. 加载测试

在试件装夹完毕，并确定数据采集系统能正常工作后，即可进行加载测试。具体操作步骤如下：

选择"控制"—"平衡"—"清除零点"—"启动采样"，选择好存储目录后便开始采集数据。实验时可通过显示实时数据全貌窗口来观测试件扭转全过程，单击"显示数据全貌"图标，调入显示数据全貌窗口，重排显示窗口，选择被测通道，调整窗口坐标。然后选择"正向扭转"，开始数据采集，试件很快进入屈服阶段，并很快进入强化阶段。注意观察标距线的变化，横向标距线的距离不变，竖向标距线变成螺旋线而且间距变短。由于标距线的距离不断伸长，原来清晰的标距线变得不太清晰。持续扭转，试件断裂后，将上夹头拉起，停止采集数据，停止扭转。取出断裂试件，观察端口形式及标距线的变化。注意观察实验各阶段现象及标记线的变化。

需要在实验过程中调节转速时，可以旋转"扭转调速"转轮：顺时针旋转电动机转速加快，反之降低，直至停止。实验时可根据不同实验阶段进行相应的调整。

反复扭转时，需启动扭转自动控制功能，并根据需要在测试过程中调整报警参数。

6. 废件回收

废弃的试件收至废固桶中。

【实验数据分析及报告】

1. 验证数据

首先关闭"显示数据全貌"窗口，在扭矩－转角窗口显示全部实验数据，并验证数据的正确性。从低碳钢扭转实验曲线中应能清晰地看到低碳钢扭转时的屈服阶段和强化阶段，铸铁则无屈服阶段。

2. 读取数据

选择双光标，放大左图屈服阶段，读取屈服扭矩 T_s、极限扭矩 T_b 及转角 ϕ。

3. 分析数据

将得到的屈服扭矩、极限扭矩数据填入相应表格，这样就得到抗扭屈服强度、抗扭强度、剪切屈服强度以及剪切强度。

需要注意的是：

在分析数据时需区别抗扭强度与剪切强度，抗扭强度的定义是针对荷载类型定义的，有利于不同材料间的相互比较，但无法反映材料真实的应力状态。剪切强度是按材料破坏时的应力状态定义的，能够反映材料破坏时的真实应力状态，但不同材料破坏时的应力状态并不相同，计算时不同材料需根据材料的破坏特征确定计算公式。

完成实验报告的各项内容，并总结实验过程中遇到的问题及解决方法。

【实验注意事项】

(1) 在紧急情况下，没有明确的方案时，按急停按钮。

(2) 扭转实验的测试方式为"扭转测试"。

(3) 进行数据采集的第一步为初始化硬件，初始化完成后应确认采集设备的量程指示与通道参数的设定值一致；且平衡后各通道均无过载现象。

(4) 在进行通道参数设置时，需对测量内容为"脉冲计数"的通道进行复选确定。

(5) 在正式装夹试件实验前，须先打开扭转启动，用手拧上夹头确定采集系统正常工作后进行试件装夹。

(6) 试件装夹时应先装上夹头再装下夹头。

实验四　纯弯曲梁正应力及弯扭组合主应力电测实验

　　梁是工程中常用的受弯构件。梁受弯时，产生弯曲变形，在结构设计和强度计算中经常涉及梁的弯曲正应力的计算，在工程检验中，也需要通过测量梁的主应力大小来判断构件是否安全，此外，也可通过测量梁截面不同高度的应力来寻找梁的中性层。

　　除纯弯曲这一变形外，在工程实际中，构件在荷载作用下往往发生两种或两种以上的基本变形，即组合变形。经简化后，构件表面处于平面应力状态，薄壁圆筒在弯扭组合变形下的试验就是一个典型代表。

【实验目的】

　　(1)用应变电测法测定矩形截面简支梁纯弯曲时，横截面上的应力分布规律。

　　(2)验证纯弯梁的弯曲正应力公式。

　　(3)用应变电测法测定二向应力状态下的主应力大小及方向，并与理论值进行比较。

　　(4)掌握用应变花测量某一点主应力大小及方向的方法。

【实验原理】

1. 纯弯梁正应力电测实验原理

　　梁纯弯曲时，根据平面假设和纵向纤维之间无挤压的假设，得到纯弯曲正应力计算公式(1)为：

$$\sigma = \frac{My}{I_z} \tag{1}$$

式中　M——弯矩；

　　　I_z——横截面对中性层的惯性矩；

　　　y——所求应力点的纵坐标(中性轴为坐标零点)。

　　由式(1)可知，梁在纯弯曲时，沿横截面高度各点处的正应力按线性规律变化。根据纵向纤维之间无挤压的假设，纯弯梁中的单元体处于单纯受拉或受压状态，由单向应力状态的胡克定律 $\sigma = \varepsilon \cdot E$ 可知，只要测得不同梁高处的 ε，就可计算出该点的应力 σ，然后与相应点的理论值进行比较，以验证弯曲正应力公式。

2. 弯扭组合主应力电测实验原理

　　通过对应力单元体的分析可知，要得到平面应力状态下单元体主应力大小及方向需要知道单元体两垂直方向的应力的大小及方向。在弹性模量电测实验时，通过粘贴两垂直方向的应变片从而测得 $\varepsilon_纵$、$\varepsilon_横$，并有 $\sigma_纵 = \varepsilon_纵 \times E$，也就是说该纵向应力可通过该方向的应变直接得到，但不能将此推广为："任意方向的应力与该方向的应变为简单的 $\sigma_\alpha = \varepsilon_\alpha \times E$ 关系"。例如：在弹性模量电测实验中 $\sigma_纵 = \varepsilon_纵 \times E$ 是正确的，$\sigma_横 = \varepsilon_横 \times E$ 则是错误的，因为，在单向拉压状态时，$\sigma_横 = 0$，$\varepsilon_横$ 是由 $\varepsilon_纵$ 而不是由 $\sigma_横$ 引起的，$\varepsilon_横 = \varepsilon_纵 \times \mu$。由泊松比的定义可知，在双向应力状态下，与任意应力方向同向的应变包含垂直方向应变引起的分量，此时的应力不能简单由 $\sigma_\alpha = \varepsilon_\alpha \times E$ 来求得。同样，在平面应力状态下，ε_α 还包含剪应变 γ 引起的分量。

为简化分析，取如图 1 所示的单元体进行分析，依据胡克定律可得

$$\varepsilon_1^* = \frac{1}{E}(\sigma_1 - \mu\sigma_2)$$

$$\varepsilon_2^* = \frac{1}{E}(\sigma_2 - \mu\sigma_1)$$

(2)

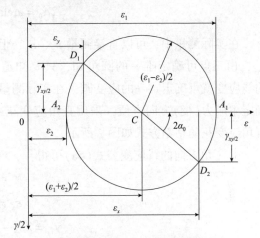

图 1 平面应力状态下应变圆

式中 σ_1——最大主应力；

σ_2——最小主应力；

ε_1^*——最大主应力（σ_1）方向的线应变；

ε_2^*——最小主应力（σ_2）方向的线应变；

E——弹性模量；

μ——泊松比。

$$\sigma_1 = \frac{E}{1-\mu^2}(\varepsilon_1^* + \mu\varepsilon_2^*)$$

$$\sigma_2 = \frac{E}{1-\mu^2}(\varepsilon_2^* + \mu\varepsilon_1^*)$$

(3)

为方便不同方向应变的表述，设定测点坐标系，定义测点处的应变分量分别为 ε_x、ε_y、γ_{xy}，定义与 X 轴夹角为 α 方向的应变为 ε_α，并规定 α 角以逆时针转动为正。则有：

$$\varepsilon_\alpha = \varepsilon_x \cos^2\alpha + \varepsilon_y \sin^2\alpha + \gamma_{xy}\sin\alpha\cos\alpha$$

(4a)

经三角函数关系变换后，得到：

$$\varepsilon_\alpha = \frac{1}{2}(\varepsilon_x + \varepsilon_y) + \frac{1}{2}(\varepsilon_x - \varepsilon_y)\cos2\alpha + \frac{1}{2}\gamma_{xy}\sin2\alpha$$

(4b)

可以看出，所得的 ε_α 表达式与平面应力状态下 σ_α 的表达式类同，据此可得到如图 1 所示横坐标为 ε，纵坐标为 $-\gamma/2$ 的应变圆，此应变圆可表示出平面应力状态下一点处不同方向应变的变化规律。

由于在平面应力状态下，σ_1 与 σ_2 为主应力，在此平面内 $\tau = 0$，故其，$\gamma = 0$，由应变单元体分析可知，在 $\gamma = 0$ 时，ε_1^*、ε_2^* 为主应变，即 $\varepsilon_1^* = \varepsilon_1$，$\varepsilon_2^* = \varepsilon_2$。这样，主应力的测量就可转化为主应变的测量。

$$\sigma_1 = \frac{E}{1-\mu^2}(\varepsilon_1 + \mu\varepsilon_2)$$

$$\sigma_2 = \frac{E}{1-\mu^2}(\varepsilon_2 + \mu\varepsilon_1)$$

(5)

通过图 1 平面应力状态下应变圆可知：

$$\varepsilon_1 = \frac{1}{2}\left[(\varepsilon_x + \varepsilon_y) + \sqrt{(\varepsilon_x - \varepsilon_y)^2 + \gamma_{xy}^2}\right]$$

$$\varepsilon_2 = \frac{1}{2}\left[(\varepsilon_x + \varepsilon_y) - \sqrt{(\varepsilon_x - \varepsilon_y)^2 + \gamma_{xy}^2}\right] \tag{6}$$

$$2\alpha_0 = \arctan\frac{\gamma_{xy}}{\varepsilon_x - \varepsilon_y}$$

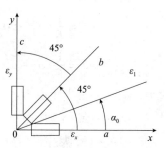

在实际测量中，可以直接测量 ε_x、ε_y，但无法直接测得 γ_{xy}，由三点可确定唯一的圆可知，只要知道任意三个方向的线应变就可确定唯一的应变圆，在实际测量中，为粘贴及确定主应力(变)方向方便，采用直角应变花或等角应变花。直角应变花的粘贴方式如图 2 所示。

图 2　直角应变花垂直粘贴方式

由 α 角方向的线应变公式(4a)可得：

$$\varepsilon_x = \varepsilon_a$$

$$\varepsilon_y = \varepsilon_c \tag{7}$$

$$\gamma_{xy} = 2\varepsilon_b - (\varepsilon_a + \varepsilon_c)$$

将式(7)代入式(6)可得：

$$\varepsilon_1 = \frac{1}{2}\left\{(\varepsilon_a + \varepsilon_c) + \sqrt{2\left[(\varepsilon_a - \varepsilon_b)^2 + (\varepsilon_b - \varepsilon_c)^2\right]}\right\}$$

$$\varepsilon_2 = \frac{1}{2}\left\{(\varepsilon_a + \varepsilon_c) - \sqrt{2\left[(\varepsilon_a - \varepsilon_b)^2 + (\varepsilon_b - \varepsilon_c)^2\right]}\right\} \tag{8}$$

$$2\alpha_0 = \arctan\frac{2\varepsilon_b - (\varepsilon_a + \varepsilon_c)}{\varepsilon_a - \varepsilon_c}$$

将式(8)代入式(5)可得：

$$\sigma_1 = \frac{E}{1 - \mu^2}\left[\frac{1 + \mu}{2}(\varepsilon_a + \varepsilon_c) + \frac{\sqrt{2}(1 - \mu)}{2}\sqrt{(\varepsilon_a - \varepsilon_b)^2 + (\varepsilon_b - \varepsilon_c)^2}\right]$$

$$\sigma_2 = \frac{E}{1 - \mu^2}\left[\frac{1 + \mu}{2}(\varepsilon_a + \varepsilon_c) - \frac{\sqrt{2}(1 - \mu)}{2}\sqrt{(\varepsilon_a - \varepsilon_b)^2 + (\varepsilon_b - \varepsilon_c)^2}\right] \tag{9}$$

实际测试时，有时采用如图 3 所示的粘贴方式。此时，由于三个应变片的相互位置关系未发生变化，主应变 ε_1、ε_2 的计算公式同式(8)，主应力的计算公式同式(9)，主应变的方向与应变片 a 的夹角 α_a 可表示为：

$$2\alpha_a = \arctan\frac{2\varepsilon_b - (\varepsilon_a + \varepsilon_c)}{\varepsilon_a - \varepsilon_c} \tag{10}$$

而，$\alpha_0 = \alpha_a - 45°$，故有：

$$2\alpha_0 = 2\alpha_a - 90°$$

$$\tan(2\alpha_0) = \frac{-1}{\tan(2\alpha_a)} \tag{11}$$

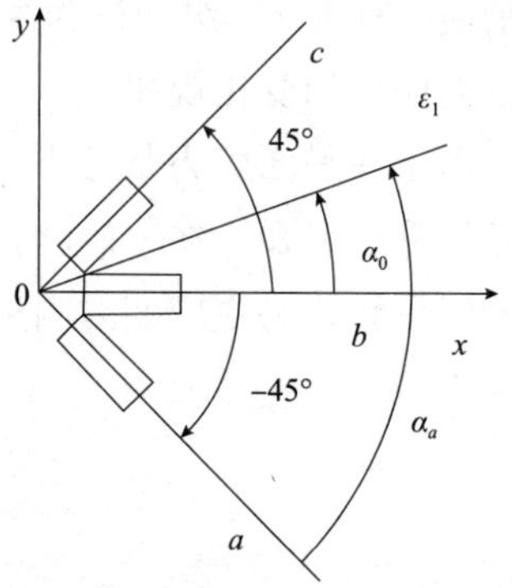

图 3　直角应变倾斜 45° 粘贴方式

由式(8)得：

$$\tan(2\alpha_a) = \frac{2\varepsilon_b - (\varepsilon_a + \varepsilon_c)}{\varepsilon_a - \varepsilon_c} \qquad (12)$$

所以，$2\alpha_0 = \arctan - \left[\dfrac{\varepsilon_a - \varepsilon_c}{2\varepsilon_b - (\varepsilon_a + \varepsilon_c)}\right]$ $\qquad\qquad (13)$

这样便得到直角应变花倾斜 45° 粘贴时的主应力(变)与 X 轴的夹角。

【实验方案】

1. 实验设备、测量工具及试件

YDD－1 型多功能材料力学试验机、游标卡尺、四点弯曲梁试件(图 4)，以及弯扭组合试件(图 5)。

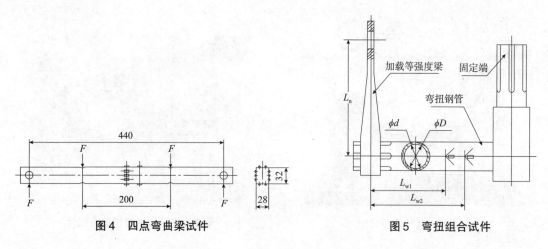

图 4 四点弯曲梁试件   图 5 弯扭组合试件

YDD－1 型多功能材料力学试验机由试验机主机部分和数据采集分析两部分组成，主机部分由加载机构及相应的传感器组成，数据采集部分完成数据的采集、分析等。

由图 4 可以看出，实验中用到的纯弯梁为矩形截面，在梁的两端有支撑圆孔，梁的中间段有 4 个对称半圆形分配梁加载槽。加载测试时，两个半圆形槽中间部分为纯弯段，在纯弯段中间不同梁高部位、在离开纯弯段中间一定距离的梁顶及梁底、在加工有长槽孔部位的梁顶及梁底均粘贴电阻应变片。

由图 5 可以看到，实验中用到的弯扭组合试件敏感部分截面为圆环形，实验前需要测量的原始参数有：试件截面尺寸 D、d，弯曲力臂 L_{w1}、L_{w2}，扭转力臂 L_n。

2. 装夹、加载方案

(1)纯弯曲装夹、加载方案

安装好的试件如图 6 所示。实验时，四点弯曲梁通过销轴安装在支座的长槽孔内，形成滚动铰支座；梁向下弯曲时，荷载通过分配梁等量地分配到梁上部两半圆形加载槽；梁向上弯曲时，荷载通过分配梁等量地分配到梁下部两半圆形加载槽，分配梁的两个加载支滚，一个为滚动铰支座，另一个为滑动铰支座，这样就可保证梁在弯曲加载时不产生其他附加荷载。分配梁通过加载大销轴与弯曲、弯扭转接套连接，转接套通过保险小销轴与油缸活塞杆上的短转换杆连接，这样当控制油缸活塞杆下行时，梁向下弯曲，梁上部受压、下部受拉；当控制油缸活塞杆上行时，梁向上弯曲，梁上部受拉、下部受压。为使梁在反复弯曲过程中有一过渡阶段及安装方便，保险小销轴与油缸活塞杆上的短转换杆连接采用长槽连接的方式。

实验时上、下弯曲加载的换向可通过控制油缸上、下行按钮实现，也可通过设置通道报警功能自动换向。通过控制进油手轮的旋转来控制加载速度。

（2）弯扭组合装夹、加载方案

安装好的弯扭组合试件如图7所示。弯扭组合体的固定端插入试验机右立柱的固定孔内，悬臂梁的自由端为长槽孔，通过销轴与油缸活塞杆相连接，通过油缸活塞杆上下移动，对试件进行交变加载。

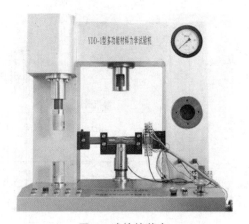

图6　试件的装夹

图7　安装好的弯扭组合试件

3. 数据测试方案

（1）纯弯梁数据测试方案

实验时，拉、压力的大小测试同拉、压实验，测力传感器直接测量油缸活塞杆的拉压力，并通过计算得到梁纯弯段的弯矩。通过在不同梁高部位粘贴电阻应变片来测量该位置的应变，从而得到该梁高处的应力。实验时，为减小由于梁变形不对称引起的测量误差，在梁两侧对称粘贴应变片，实验时采用将相同位置的应变片串联测量的测试方式。为便于不同梁高应变的比较，应变测量采用共用补偿片的测量方式。

（2）弯扭组合数据测试方案

与拉、压试验相同，可以测得悬臂梁施力点的荷载，据此荷载，可得到弯扭组合试件上任一截面的弯矩、扭矩、剪力，以及悬臂梁上任一截面的弯矩及剪力。通过在弯扭组合试件表面粘贴45°角应变花，测三向应变，利用广义胡克定律，可得到该点主应力大小及方向，将其与计算值相比较，验证广义胡克定律。应变的测量采用共用补偿片的测量方式。另外，通过在弯扭管的特征部位定向粘贴应变花的不同补偿方式，可测量在反复荷载作用下的应变，得到特征点应变随弯曲、扭转的变化规律。

4. 数据的分析处理

数据采集分析系统，实时记录试件所受的力及应变，并生成力、应变实时曲线及力、

应变 $X-Y$ 曲线。

图 8 所示为在 YDD-1 型多功能材料力学试验机上纯弯梁实测的力、应变实时曲线。左窗口显示梁纯弯段中间部位梁高不同位置处的应变，右窗口内显示梁纯弯段内不同部位最大应力的比较，中间窗口内显示试件所受的力和中性层处的应变。

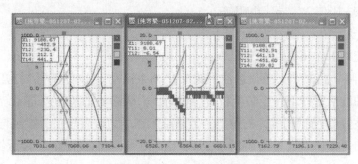

图8　实测的力、应变实时曲线

图 9 所示为弯扭组合主应力及等强度梁电测实验荷载、应变实测曲线，中间窗口显示荷载的实时曲线，左窗口显示等强度梁应变实时曲线，右窗口显示弯扭组合试件某测点的三向应变。数据读数利用光标同步分级读数的方式。如前所述，通过测得的集中荷载，可得到弯扭组合试件上任一截面的弯矩、扭矩、剪力，以及悬臂梁上任一截面的弯矩及剪力。通过在弯扭组合试件表面粘贴 45°角应变花，测三向应变，利用广义胡克定律，可得到该点主应力大小及方向，将其与计算值相比较，验证广义胡克定律。

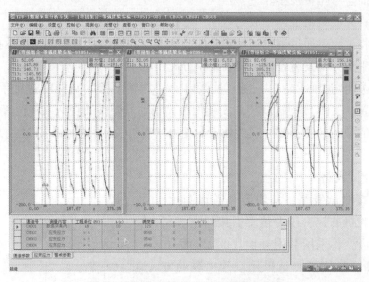

图9　弯扭组合等强度梁实测实验曲线

【实验操作步骤】

1. 纯弯梁实验步骤

(1)原始参数测量

梁四点弯曲正应力电测实验是典型的验证性试验，实验中不仅需要准确地测量梁所受的荷载及不同高度的应变，同时，为控制加载及试验完成后进行实验误差分析，实验前准确计算出梁不同高度应变的理论值，也是试验的重要组成部分。在实验过程中需要测量的原始参数有：梁的截面高度 h、宽度 b，支座跨距 l，分配梁支座跨距 a，以及各应变片距梁中性轴的距离。在实验过程中需要已知的原始参数有：材料的弹性模量 E、电阻应变片的灵敏度系数 K、阻值 R、导线电阻等。

（2）试件装夹

①调定系统的工作压力

打开"压力调节手轮"，关闭"进油手轮"，"油泵启动""拉伸下行"打开进油手轮至正常工作位置，油缸活塞杆下行至最低位置，此时压力表指示的压力就是系统工作时的最大压力，通过调整"压力控制手轮"的位置调节系统工作压力至要求值，梁纯弯曲正应力电测试验时，系统的工作压力设置为2MPa。关闭"进油手轮""油泵停止""拉压停止"。

②安装试件

第一步，将短转换杆安装到油缸活塞杆的螺孔内，并调整转换杆上圆孔的位置，使圆孔正对试验机前方，调整时，控制油缸上行或下行，将圆柱销穿在短转换杆内，控制油缸上行或下行，调整圆孔的方向。

第二步，将弯曲、弯扭转接套安装到短转换杆上，并通过保险销轴连接。销轴采用由后至前的安装方式，以利于实验中观察保险销轴在转接套长槽孔中的位置。加载时保险销轴可在弯曲、弯扭转接套的长槽孔内上下滑动。下弯时，通过销轴传力；上弯时，短转换杆直接推动弯曲、弯扭转接套。

第三步，将分配梁组合体平放到弯曲、弯扭转接套连接开口内。

第四步，将试验梁通过销轴连接到弯曲支座上，并调整实验梁使之基本在正中位置。

第五步，手提分配梁组合体，安装4个分配销轴。

第六步，关闭"进油手轮"，选择"油泵启动""压缩上行"，打开"进油手轮"控制油缸上行至合适位置，关闭"进油手轮"，安装加载大销轴。调整油缸活塞杆位置使保险销轴处于弯扭加载套的中间部位，此时试件处于非受力状态，关闭"进油手轮""油泵停止""拉压停止"。

（3）连接测试线路

按要求连接测试线路，一般第一通道测拉、压力连接到试验机的拉、压力传感器接口上。其余通道选择测应变，采用共用补偿片的1/4桥方式，如图10所示，应变测试采用双片串联的方式。首先用短路线将相同梁高的两片应变片串联起来，包括补偿应变片，连接采用快速插头连接的方式，然后，将被测应变片依次连接到测试通

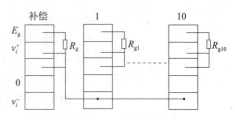

图10　1/4桥接线方式

道中，连接时注意应变片的位置与测试通道的对应关系，依次接入梁顶部应变片、梁上部 $h/4$ 处的应变片、中性层处的应变片、梁下部 $h/4$ 处的应变片、梁底应变片、梁顶部离开跨中一定距离的应变片、梁底部离开跨中一定距离的应变片等。

（4）设置数据采集环境

①进入测试环境

首先检测仪器。检测到仪器后，系统将自动给出上一次实验的测试环境。或通过文件引入项目，引入所需的采集环境。

②设置测试参数

测试参数是联系被测物理量与实测电信号的纽带，设置正确合理的测试参数是得到正确数据的前提。测试参数由系统参数、通道参数及窗口参数三部分组成。其中，系统参数包括测试方式、采样频率、报警参数、实时压缩时间及工程单位等；通道参数反映被测工程量与实测电信号之间的转换关系，由测量内容、转换因子及满度值等组成；窗口是指为了在实验中显示及实验完成后分析数据而设置的曲线窗口，曲线分为实时曲线及 $X-Y$ 函数曲线两种。

第一项：采样参数

采样方式：采样频率一般选择"20~100Hz"，"拉压测试"。需要特别注意的是，纯弯梁实验是一个非破坏性试验，需要通过设置报警通道来保护试件。试验时，当实测数据达到报警设定值时，油缸就会按照指定的要求反向运行或停止运行，报警通道一般设置为测力通道，报警值由试验预估最大荷载确定，例如，当控制弯梁最大应变为 $800\mu\varepsilon$ 时，所加的拉、压力应小于 12kN，此时，设置报警参数上、下限为 ±12kN 时，可以保证量最大应变不超过 $800\mu\varepsilon$，以保证试件的安全。

第二项：通道参数

通道选择测量油缸活塞杆的拉压力，同拉压试验一样设置相应的修正系数。其余通道选择应力应变的测量方式，需要输入桥路类型，选择"方式一"，选择"方式一"时需要选择应变计电阻、导线电阻、灵敏度系数、工程单位。

第三项：窗口参数

可以开设 3 个数据窗口，测量油缸活塞杆的拉压力与中性层应变的窗口、纯弯段中间不同梁高的应变窗口、纯弯段内不同位置最大应变窗口。并设置窗口的其他参数如坐标等。

③数据预采集，验证报警参数

a. 数据预采集

确定采集设备各通道显示的满度值是否与通道参数的设定值相一致后，选择"控制"→"平衡"→"清零"→"启动采样"，输入相应的文件名，选择存储目录后进入相应的采集环境。此时，从实时曲线窗口内可以读到相应的零点数据，证明采集环境能正常工作。

b. 验证报警参数

关闭"进油手轮"，选择"拉压自控"，"拉压下行"打开"进油手轮"，控制加载速度，缓慢加载，注意观察保险销的位置，至上限报警值时油缸活塞杆自动反向向上运行，同样，当向上加载至下限报警值时，油缸活塞杆自动向下运行，证明报警功能可用。

并同时验证在该报警值下的应变值。若报警值不满足要求，可适时修改至合适值。验证完成后，观察保险销轴的位置，当保险销轴处于弯扭转接套的中间位置时，关闭进油手轮，停止采集数据。至此，完成数据采集环境的设置。

若设备无通道报警功能时需设置限位开关的位置来控制自动反向运行，并进行验证。

（5）加载测试

在确信设备和采集环境运行良好后，即可开始加载试验。首先设置试验机所处的状态，关闭"进油手轮"，选择"拉压自控""油泵启动""拉伸下行"。前面已经设置好了采集环境，这里只需选择"控制""平衡""清除零点""启动采样"。采集到所需的零点数据。

打开"进油手轮"进行加载，在加载时，应注意观察保险销轴的位置，当试件不受力时，可以加快加载速度，当试件接近受力时应放慢加载速度。利用通道报警自动反向运行功能或手动换向方式控制拉、压反复加载，采集到准确的3组反复弯曲数据后，当试件不受力时就可关闭"进油手轮"，选择"拉压停止""油泵停止"按钮，然后停止采集数据。

2. 弯扭组合变形实验步骤

（1）弯扭组合原始参数测定

实验需要已知的原始参数有：材料的弹性模量 E、泊松比 μ；电阻应变片的灵敏度系数 K、阻值 R、导线电阻等，以及试件截面尺寸 D、d，弯曲力臂 L_{n1}、L_{n2}，扭转力臂 L_w，并根据最大应力计算试件的安全荷载。

需要注意的是，有些原始参数有确定的设计值，只有在装夹中使其满足设计值实验装置才能满足设计要求，如等强梁加载力臂（扭转力臂）L_n。有些参数需调整到设计值，如弯曲力臂 L_{w1}、L_{w2}。

（2）装夹试件

第一步，短转换杆安装到油缸活塞杆的螺孔内，并调整转换杆上圆孔的位置，圆孔正对试验机前方。

第二步，将弯扭组合体的固定端插入试验机右立柱的固定孔内，并安装调节丝杠。

第三步，将等强度梁安装到弯扭组合体的受力端的花键槽内，测量并调整其与工作应变片的距离使之满足设计值 L_{w1}、L_{w2}。

第四步，将弯扭转接套安装到短转换杆上，注意弯扭转接套开口的位置，并通过保险销轴连接，销轴采用由后到前的安装方式，以利于实验中观察保险销轴在转接套长槽孔中的位置。加载时保险销轴可在弯扭转接套的长槽孔内上下滑动。下行时，通过保险销轴传力给弯扭转接套；上行时，短转换杆直接推动弯扭转接套。

第五步，控制油缸活塞杆上行，使弯扭转接套的圆孔与等强度梁的长槽孔平齐，安装加力销轴，加力销轴可在弯扭转接套内转动，在等强度梁长槽孔内滑动。

第六步，旋转调节丝杠调整弯扭组合体固定端在右立柱中的位置，使得加力销轴作用在等强度梁的"等强度施力点"上，调整油缸活塞杆的位置，使得保险销轴位于弯扭转接套长槽孔的中间部位。

（3）连接测试线路

按要求连接测试线路，一般第1、第2通道选择测力，其余通道测应变。连线时应注意不同类型传感器的测量方式及接线方式，连线方式应与传感器的工作方式相对应。应变的测试采用单片共用补偿片的方式，将被测应变片依次连接到测试通道中，连接时注意应变片的位置、方向与测试通道的对应关系。

（4）设置采集环境

①进入测试环境

按要求连接测试线路，确认无误后，打开仪器电源及计算机电源，双击桌面上的快捷图标，提示检测到采集设备→确定→进入测试环境。同前面的实验一样，首先检测仪器，通过文件 – 引入项目，引入所需的采集环境。

②设置测试参数

第一项：采样参数

采样方式：采样频率选择"20～100Hz"，"拉压测试"。需要特别注意的是，弯扭组合实验是一个非破坏性试验，需要通过设置报警通道来保护试件。试验时，当实测数据达到报警设定值时，油缸就会按照指定的要求反向运行或停止运行，报警通道一般设置为测力通道，报警值由实验预估最大荷载确定，例如，当控制弯扭管根部最大应变不超过 $600\mu\varepsilon$ 时，所加的拉、压力应小于8kN，此时，设置报警参数上限为8kN，下限为 – 8kN，就可保证测点最大应变不超过 $600\mu\varepsilon$，以保证试件的安全。

第二项：通道参数

测量油缸活塞杆的拉压力通道，同拉压实验设置相同的修正系数。其余通道测量应变，对于设置为应力应变的通道需将其修正系数"b"设置为"1"。进入应力应变测试，由于采用共用补偿片，需要输入桥路类型选择"方式一"，当选择"方式一"时需要输入的参数有：应变计电阻、导线电阻、灵敏度系数、工程单位，并选择相应的满度值。

第三项：窗口参数

可以开设多个数据窗口，其中中间窗口为测力窗口，其余每个窗口测量一组电阻应变片，并按顺序排列，并设置窗口的其他参数如坐标等。

③数据预采集

确定采集设备各通道显示的满度值与通道参数的设定值相一致后，选择"控制"→"平衡"→"清零"→"启动采样"，输入相应的文件名，选择存储目录后进入相应的采集环境。此时，从实时曲线窗口内可读到相应的零点数据，证明采集环境能正常工作。

（5）加载测试

在确信设备和采集环境运行良好后，即可开始加载试验。前面已经设置好了采集环境，这里只需平衡，清除零点，启动采样。采集到所需数据。

【数据分析及实验报告】

1. 验证数据

首先回放试验加载的全过程，把数据调进来，显示全部数据，预览全部数据。将测力窗口设置成 X – Y 记录方式，X 轴梁顶应变、梁底应变，Y 轴 – 测力通道。以验证应变与荷载的线性关系，以及正反向弯曲时，应变的变化规律。

2. 读取数据

验证梁弯曲正应力电测实验采用分级读数的方式分析数据，共分5级，依据试验过程中的最大荷载，确定级差，为消除起始点误差的影响，将第一级荷载（2kN）作为起始数据。将测力窗口重新恢复为普通绘图方式，通过数据移动及局部放大功能，将多个窗口显示同样一段数据，采用光标同步的方式进行同步读数，读数时，将主动光标放在测力窗口，采用光标拖动与方向键微移光标相结合的方式，选取合适的荷载值，此时应注意光标读数的小数点位数，测力通道：2位，应变通道：1位。

需要注意的是，由于采用拉、压双向加载测试，分析数据时需要分析2组数据，拉伸弯曲段，压缩弯曲段。对于用油压传感器测力的系统，测力通道需根据拉、压段输入不同的修正系数。

3. 分析数据

将读取的数据，依次填入相应的数据分析表格或代入相应的公式进行计算，将实测值与计算值相比较，分析误差原因。需要注意的是，由于采用交变加载，分析数据时需要分析两段正反向加载数据，并分别填入相应的表格中，注意正、反向数据的对比。

4. 实验报告

通过观察试验现象、分析试验数据即可进行试验报告的填写，完成实验报告的各项内容。并总结试验过程中遇到的问题、解决方法及对该实验的改进建议。

需要注意的是，在填写原始数据及实验结果时，数据的读数需正确反映试验设备的分辨率，计算结果有效数字的位数应能反映实验的精度等。

【实验注意事项】

（1）在紧急情况下，没有明确的方案时，按急停按钮。

（2）打开实验机通过溢流阀或打开压力控制手轮设定系统的最大工作压力，以不超过3MPa为宜；实验时可先打开压力控制手轮以确保试件安全。

（3）调整竖向加力转接套开口位置时，需在油缸上行或下行的状态下进行，此时应特别注意手的位置。

（4）在设置通道报警参数时应采用渐增的方式，可先设置一较小的报警值，证明计算及报警系统可用后再设置相应的实验报警值。

（5）在验证通道报警参数时需确保试件的安全，需有明确的报警失效的控制方案，如：在开口很小的情况下控制进油手轮，使得可随时关闭进油手轮；手放在"拉压停止"或"油泵停止"按钮上，可随时停止加载等。

（6）加载测试完成后，严禁出现数据采集停止而油泵仍在工作的情形，因为此时通道的报警功能已经失效，实验最大荷载处于非受控状态，试件极易损坏。正确的操作是：采集到准确的3组反复弯曲数据后，当试件不受力时就可关闭"进油手轮"，选择"拉压停止""油泵停止"按钮，然后停止采集数据。

第9章　化工仪表自动化控制实验

实验一　液位控制系统中 PID 控制器参数的工程整定实验

【实验目的】

(1) 掌握控制器参数的工程整定方法。

(2) 掌握控制系统的结构与组成。

(3) 理解被控变量及操纵变量的选择原则，控制器控制规律的确定。

(4) 观察阶跃干扰下控制系统过渡过程的表现形式。

【实验装置】

YB2000D 型过程控制实验装置。配置：C3000 过程控制器、实验连接线。

【实验原理】

经验凑试法是长期的生产实践中总结出的一种整定方法。根据经验先将控制器参数放在一个数值上，直接在闭环的控制系统中，通过改变给定值施加干扰，在记录仪上观察过渡过程曲线，运用比例度 δ、积分时间 T_I 和微分时间 T_D 对过渡过程的影响为指导，按照规定顺序，对 δ、T_I、T_D 逐个整定，直到获得满意的过渡过程为止。

在一般情况下，比例度过小、积分时间过小或微分时间过大，都会产生周期性激烈振荡。但是，积分时间过小引起的振荡周期较长；比例度过小引起的振荡周期较短；微分时间过大引起的振荡周期最短。如图 1 所示，曲线 a 的振荡是积分时间过小引起的，曲线 b 是比例度过小引起的，曲线 c 则是由于微分时间过大引起的。

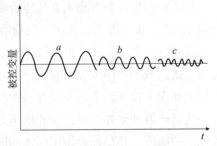

图1　3 种振荡曲线比较

如果比例度过大或积分时间过大，都会使过渡过程变化缓慢，如何判别这两种情况呢？一般来说，比例度过大，曲线波动较剧烈、不规则地较大地偏离给定值，而且，形状像波浪般起伏变化，如图 2 中 a 曲线所示。如果曲线通过非周期的不正常路径，慢慢地回复到给定值，这说明积分时间过大，如图 2 中 b 曲线所示。应当注意，积分时间过大或微分时间过大，超出允许范围时，不管如何改变比例度，都是无法补救的。

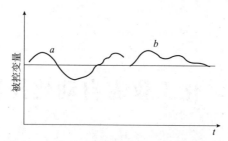

图2　比例度过大、积分时间过大时两种曲线比较

控制器参数的经验数据如表1所示。

表1　控制器参数的经验数据

控制对象	对象特性	δ /%	T_I/min	T_D/min
流量	对象时间常数小，参数有波动，δ 要大；T_I 要短；不用微分	40～100	0.3～1	0.5～3
液位	对象时间参数范围较大，要求不高时，δ 可在一定范围内选取，一般不用微分	20～80		

【实验内容】

先用纯比例进行凑试，待过渡过程已基本稳定并符合要求后，再加积分作用消除余差，最后加入微分提高控制质量。

（1）曲线振荡频繁，增大比例度；最大偏差大且趋于非周期，减小比例度。

（2）曲线波动大，增大积分时间；曲线偏离给定值、长时间不回来，减小积分时间。

（3）曲线振荡厉害，减小微分时间或不微分；曲线最大偏差大且衰减缓慢，增大微分时间。

具体：根据经验数据表，选定合适比例度作为起始值，把积分时间放在"∞"，微分时间置于"0"，将系统投入自动，改变给定值，观察被控变量记录曲线形状，如果曲线不是4:1衰减，（假定要求过渡过程是4:1衰减振荡），如衰减比大于4:1，说明选的比例度偏大，适当减小比例度值再看记录曲线，直到呈4:1衰减为止。当把控制器比例度改变以后，如无干扰就看不出衰减振荡曲线，一般要稳定以后再改变给定值才能看到。

比例度值调整好以后，如要求消除余差，则要引入积分作用，积分时间可选取为衰减周期的一般值，并在积分作用引入的同时，将比例度增加10%～20%，看记录曲线的衰减比和消除余差的情况，如不符合要求，再适当改变比例度值和积分时间值，直至记录曲线满足要求。

【实验步骤】

1. 实验开始

（1）开启装置总开关，打开控制器面板开关。

（2）完成液位控制和流量控制在控制器面板接线。

（3）开启泵1和泵2，给系统施加一个阶跃干扰作用，进行液位自动控制。

（4）紫色线：代表给定值；绿色线代表被测变量测定值 z；蓝色线代表阀门开度（在液位控制中，蓝色线代表热水泵变频）。

（5）在控制器面板上进行操作，通过经验凑试法进行 PID 参数整定，使液位和流量满足控制要求。

2. 实验结束

（1）实验结束后，关闭泵1和泵2，关闭控制器面板，拔下控制器面板接线。

（2）关闭装置总电源，打开阀门将水槽及管路中的水排空。

【实验注意事项】

（1）液位控制中：给定值代表的是液位值。

（2）调节 PID 参数时，通过 A/M 选择自动调节模式 A。

（3）控制面板分两部分：上为控制面板，下为信号面板。

（4）控制器信号和模出、模入通道接线与连接。

（5）改变给定值，相当于在稳态情况下给一个阶跃干扰。

【实验现象结果及讨论】

【思考题】

（1）经验凑试法整定控制器参数的关键是什么？

（2）被控变量与操纵变量的选择原则分别是什么？

实验二　流量简单控制系统中 PID 控制器参数的工程整定实验

【实验目的】

（1）掌握控制器参数的工程整定方法。

（2）了解闭环控制系统的结构与组成。

（3）观察阶跃扰动对系统动态性能的影响。

【实验装置】

YB2000D 型过程控制实验装置。配置：C3000 过程控制器、实验连接线。

【实验原理】

经验凑试法是长期的生产实践中总结出的一种整定方法。根据经验先将控制器参数放在一个数值上，直接在闭环的控制系统中，通过改变给定值施加干扰，在记录仪上观察过渡过程曲线，运用比例度 δ、积分时间 T_I 和微分时间 T_D 对过渡过程的影响为指导，按照规定顺序，对 δ、T_I、T_D 逐个整定，直到获得满意的过渡过程为止。

在一般情况下，比例度过小、积分时间过小或微分时间过大，都会产生周期性的激烈振荡。但是，积分时间过小引起的振荡周期较长；比例度过小引起的振荡周期较短；微分时间过大引起的振荡周期最短，如图 1 所示，曲线 a 的振荡是积分时间过小引起的，曲线 b 是比例度过小引起的，曲线 c 则是由于微分时间过大引起的。

如果比例度过大或积分时间过大，都会使过渡过程变化缓慢，如何判别这两种情况呢？一般来说，比例度过大，曲线波动较剧烈、不规则地较大地偏离给定值，而且，形状像波浪般的起伏变化，如图 2 中 a 曲线所示。如果曲线通过非周期的不正常路径，慢慢地回复到给定值，这说明积分时间过大，如图 2 中 b 曲线所示。应当注意，积分时间过大或微分时间过大，超出允许范围时，不管如何改变比例度，都是无法补救的。

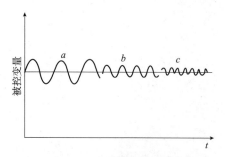

图 1　3 种振荡曲线比较

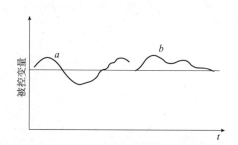

图 2　比例度过大、积分时间过大时两种曲线比较

控制器参数的经验数据见表 1。

表1 控制器参数的经验数据

控制对象	对象特性	$\delta/\%$	T_1/min	T_D/min
流量	对象时间常数小，参数有波动，δ 要大；T_1 要短；不用微分	$40 \sim 100$	$0.3 \sim 1$	$0.5 \sim 3$
液位	对象时间参数范围较大，要求不高时，δ 可在一定范围内选取，一般不用微分	$20 \sim 80$		

【实验内容】

先用纯比例进行凑试，待过渡过程已基本稳定并符合要求后，再加积分作用消除余差，最后加入微分提高控制质量

(1)曲线振荡频繁，增大比例度；最大偏差大且趋于非周期，减小比例度。

(2)曲线波动大，增大积分时间；曲线偏离给定值、长时间不回来，减小积分时间。

(3)曲线振荡厉害，减小微分时间或不微分；曲线最大偏差大且衰减缓慢，增大微分时间。

具体：根据经验数据表，选定合适比例度作为起始值，把积分时间放在"∞"，微分时间置于"0"，将系统投入自动，改变给定值，观察被控变量记录曲线形状，如果曲线不是4:1衰减，（假定要求过渡过程是4:1衰减振荡），如衰减比大于4:1，说明选的比例度偏大，适当减小比例度值再看记录曲线，直到呈4:1衰减为止。当把控制器比例度改变以后，如无干扰就看不出衰减振荡曲线，一般都要稳定以后再改变给定值才能看到。

比例度值调整好以后，如要求消除余差，则要引入积分作用，积分时间可选取为衰减周期的一般值，并在积分作用引入的同时，将比例度增加10%~20%，看记录曲线的衰减比和消除余差的情况，如不符合要求，再适当改变比例度值和积分时间值，直至记录曲线满足要求。

【实验步骤】

1. 实验开始

(1)开启装置总开关，打开控制器面板开关。

(2)完成液位控制和流量控制在控制器面板接线。

流量控制接线模入通道：电磁流量；模出通道：电磁控制。

(3)开启泵1和泵2，分别进行液位流量控制。

(4)紫色线：代表给定值；绿色线代表被测变量测定值 z；蓝色线代表阀门开度（在液位控制中，蓝色线代表热水泵变频）。

(5)在控制器面板上进行操作，通过经验凑试法来进行PID参数整定，使液位和流量满足控制要求。

2. 实验结束

(1)实验结束后，关闭泵1和泵2，关闭控制器面板，拔下控制器面板接线。

(2)关闭装置总电源，打开阀门将水槽及管路中的水排空。

【实验注意事项】

(1)流量控制中：给定值代表的是流量。

(2)调节 PID 参数时，通过 A/M 选择自动调节模式 A。

(3)控制面板分两部分：上为控制面板，下为信号面板。

(4)控制器信号和模出、模入通道接线与连接。

(5)改变给定值，相当于在稳态情况下给一个阶跃干扰。

【实验现象结果及讨论】

【思考题】

如何区分由于比例度过小、积分时间过小所引起的振荡过渡过程？

第10章 高分子物理实验

实验一 乌氏黏度计测定聚合物的分子量实验

【实验目的】

(1)掌握黏度法测定聚合物分子量的基本原理。

(2)掌握用乌氏黏度计测定聚合物稀溶液黏度的实验技术及数据处理方法。

(3)分析分子量大小对聚合物性能及聚合物加工性能的关系及影响。

【实验内容和原理】

黏度是高聚物在稀溶液中流动过程所产生的内摩擦的反应，它主要是溶液分子间的摩擦、高聚物分子间的内摩擦、高聚物分子与溶剂分子间的内摩擦。3种摩擦总和称为高聚物溶液的黏度 η。

$$[\eta] = KM_\eta^\alpha \tag{1}$$

在25℃时，聚乙烯醇水溶液 $K = 2 \times 10^{-2}$，$\alpha = 0.76$。对于无限稀释的条件下，

$$[\eta] = \lim_{c \to 0} \frac{\ln\eta_r}{c} = \lim_{c \to 0} \frac{\eta_{sp}}{c} \tag{2}$$

$$\eta_r = t/t_0$$

式中　η_r——相对黏度；

　　t——溶液流出时间；

　　t_0——溶剂流出时间。

用 $\ln\eta_r/c$ 对 c 的图外推和用 η_{sp}/c 对 c 的图外推可得到共同的截距－特性黏度 $[\eta]$，如图1所示。

【主要仪器设备及原料】

(1)主要仪器：乌氏黏度计、恒温水槽、洗耳球、容量瓶、移液管、秒表。

(2)主要原料：聚乙烯醇溶液等。

【操作方法及实验步骤】

(1)温度调至25℃，安装黏度计垂直在水浴中。

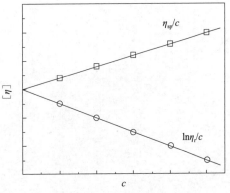

图1　$\ln\eta_r/c$ 和 η_{sp}/c 对 c 作图

（2）溶剂流出时间 t_0 的测定：

移取 10mL 水放入黏度计中，待恒温后，将洗液吸入 1 球，当液面到达 a 时，开表计时，当液面到达 b 时停表，重复 2 次，每次相差小于 0.28，取其平均值。

（3）溶液流出时间 t 的测定：移取 10mL 聚乙烯醇放入黏度计中，反复混合后，测定 $c' = 1/2$ 的流出时间 t_1，然后再依次加入 10mL 蒸馏水稀释成浓度为 1/3、1/4、1/5 的溶液，分别测出 t_2、t_3、t_4。

【数据处理】

		流出时间				η_r	η_{sp}	η_{sp}/c'	$\ln\eta_r$	$\ln\eta_r/c'$
		t_1	t_2	t_3	均值					
溶剂										
溶液 c'	1/2									
	1/3									
	1/4									
	1/5									

根据实验数据以 η_{sp}/c、$\ln\eta_r/c$ 对浓度 c 作图，得两条直线，外推至 $c \rightarrow 0$ 得截距。经换算得特性黏度 $[\eta]$，将 $[\eta]$ 代入式中，即可换算出聚合物的分子量 M_η。

【实验报告】

（1）简述实验原理。

（2）明确操作步骤和注意事项。

（3）进行数据分析。

【注意事项】

（1）测定黏度时黏度计一是垂直，二是放入恒温槽内。

（2）用洗耳球吸溶液时要注意不能产生气泡，如果有气泡要消除后再进行流出时间的测定。

实验二 高分子材料的挤出成型实验

【实验目的】

(1)了解高分子材料挤出加工的原理及过程。

(2)以聚乙烯为代表，熟悉高分子材料的挤出操作。

(3)小组协同实验，增强分工合作、齐心协力完成实验任务的合作精神。

【实验内容和原理】

挤出成型的基本原理如下。

(1)塑化：在挤出机内将固体塑料加热并依靠塑料之间的内摩擦热使其成为黏流态物料。

(2)成型：在挤出机螺杆的旋转推挤作用下，通过具有一定形状的口模，使黏流态物料成为连续的型材。

(3)定型：用适当的方法，使挤出的连续型材冷却定型为制品。

挤出成型工艺特点如下：

(1)连续成型，产量大，生产效率高。

(2)制品外形简单，是断面形状不变的连续型材。制品质量均匀密实，尺寸准确较好、适应性很强，几乎适合除 PTFE 外所有的热塑性塑料。只要改变机头口模，就可改变制品形状。

(3)可用来塑化、造粒、染色、共混改性，也可同其他方法混合成型，此外，还可作压延成型的供料。

【主要仪器设备及原料】

(1)主要仪器：双螺杆挤出机。

(2)主要原料：聚乙烯或聚丙烯。

【操作方法和实验步骤】

至少 3 人组成实验小组，明确小组成员分工，协同进行实验。

(1)启动总电源。

(2)调节设备每个区域温度，等待升温；温度达到设定温度后保温 15min。

(3)根据设备说明依次打开不同开关。

(4)装填原料。

(5)控制挤出的过程，并且使挤出高分子冷却成型。

(6)检查原料是否完全挤出，每次实验完成后尽量不要有原料积存。

(7)挤出实验完成后将设备按照开关打开的反向顺序进行关闭。

（8）清理设备，废弃的固体颗粒回收至废固桶中，完成实验。

【注意事项】

（1）注意每次挤出实验完成后不要有原料积存。

（2）在挤出实验进行时，要注意挤出的速度，并且挤出形状，给其一个力，使其挤出形状均匀。

【实验报告】

（1）简述实验原理。

（2）明确操作步骤和注意事项。

（3）练习挤出的过程，并且测量20处挤出聚乙烯样品的半径，判断挤出工艺是否受力均匀，做好原始记录，并且讨论原因，完成实验报告。

【思考题】

影响挤出实验均匀性的因素有哪些？

实验三 偏光显微镜法观测聚合物的球晶生长

【实验目的】

(1) 了解偏光显微镜的原理、结构及使用方法。

(2) 了解双折射体在偏光场中的光学效应及球晶黑十字消光图案的形成原理。

【实验内容和原理】

球晶是聚合物中最常见的结晶形态，大部分由聚合物熔体和浓溶液生成的结晶形态都是球晶。球晶以核为中心对称向外生长而成。在生长过程中未遇到阻碍时可形成球形晶体；如在生长过程中球晶之间相碰，则在相遇处形成界面而成为多面体（二维空间观察为多边形）。

影响球晶尺寸的因素有冷却速度、结晶温度、成核剂等因素。

球晶在偏光显微镜下可以看到黑十字消光图案。

黑十字消光原理：如图 1 所示，pp 为通过其偏镜后的光线的偏振方向，aa 为检偏镜的偏振方向。在球晶中，b 轴为半径方向，c 轴为光轴，当 c 轴与光波方向传播方向一致时，光率体切面为一个圆，当 c 轴与光率体切面相交时为一椭圆。在正交偏光片之间，光线通过检偏镜后只存在 pp 方向上的偏振光，当这一偏振光进入球晶后，由于在 pp 和 aa 方向上的晶体光率体切面的 2 个轴分别平行于 pp 和 aa 方向，光线通过球晶后不改变振动方向，因此不能通过检偏镜，呈黑暗。而介于 pp 和 aa 之间的区域由于光率体切面的 2 个轴与 pp 和 aa 方向斜交，pp 振动方向的光进入球晶后由于光振动在 aa 方向上的分量，因此这 4 个区域变得明亮，聚乙烯球晶在偏光显微镜下还呈现一系列的同心消光圆环，这是由于在聚乙烯球晶中晶片是螺旋形的。即 a 轴与 c 轴在与 b 轴垂直的方向上转动，而 c 轴又是光轴，即使在 4 个明亮区域中的光率体切面也周期性地呈现圆形而造成消光。

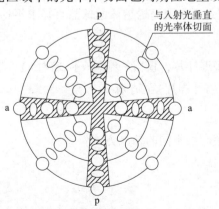

图 1 正交偏光场中球晶的偏光干涉

【仪器设备及原料】

偏光显微镜、聚丙烯熔体结晶试样(慢冷和自然冷)。

【操作方法和实验步骤】

1. 熔体结晶

将加热台的温度调整到230℃左右,在加热台上放上载玻片,并将一小颗聚丙烯试样放在载玻片上,盖上盖玻片,熔融后用镊子小心地压成薄膜状。做2块同样的试样,做好后保温片刻,将其中的一片取出放在石棉板上以较快的速度冷却,另一片放在已升温至230℃左右的马弗炉内并关掉加热电源,以较慢的速度冷却待用。

2. 偏光显微镜观察

在显微镜上装上物镜和目镜,打开照明电源,推入检偏镜,调整起偏镜角度至正交位置。

将聚丙烯熔体(慢冷)试样置于载物台中心,调焦至图像清晰。

聚丙烯熔体(自然冷)熔体结晶的样品进行同样观察。

3. 球晶直径的测量

用物镜测微尺对目镜测微尺进行校正。将物镜测微尺放在载物台上,采用与观察试样时相同的物镜与目镜进行调焦观察,并将物镜测微尺与目镜测微尺在视野中调至平行或重叠,如测得目镜测微尺的 N 格与物镜测微尺的 X 格重合,则目镜测微尺上每格代表的真正长度 D 为:

$$D = 0.01X/N \tag{1}$$

移动视野,选择球晶形状较规则、数量较多的区域进行测量,然后寻找另一个视野,重复测量。

【实验报告】

(1)简述实验原理。

(2)明确操作步骤和注意事项。

(3)记录原始数据:记录几次聚丙烯熔体的球晶直径求平均值。

【注意事项】

调焦时,应先使物镜接近样片,仅留一窄缝(不要碰到),然后一边从目镜中观察一边调焦(调节方向务必使物镜离开样片)至清晰。

【思考题】

为什么冷却方式不同会产生不同的结晶方式?

实验四 熔融指数的测定

【实验目的】

(1)掌握熔融指数测定仪的使用方法。

(2)掌握熔体质量流动速率计算方法。

【实验内容和原理】

熔体流动速率仪是塑料挤出仪器。它是在规定温度条件下,用高温加热炉使被测物达熔融状态。这种熔融状态的被测物,在规定的负荷下通过一定直径的小孔进行挤出试验。在塑料生产中,常用熔融指数来表示高分子材料在熔融状态下的流动性、黏度等物理性能。熔体质量流动速率是指挤出的各段试样的平均重量折算为10min的挤出量,单位(g/10min),用 MFR 表示,如式(1)所示。

$$MFR(\theta, m_{nom}) = t_{ref}m/t \tag{1}$$

式中　θ——试验温度,℃;

　m_{nom}——标称负荷,kg;

　m——切段的平均质量,g;

　t——切样时间间隔,s;

　t_{ref}——参比时间(10min),s(600s)。

【仪器设备及原料】

(1)仪器设备:熔体流动速率测定仪。

①主机(含料筒1个、导向套1个)1台。

②附件箱一:活塞杆1个,口模 ϕ2.095mm 1个,水平仪1个,清洗杆1个,加料顶杆1个,口模清理棒1个,刮刀片1个。

③附件箱二:

组合砝码1套:砝码托盘,砝码盖,600g砝码1个,875g砝码1个,960g砝码1个,1000g砝码1个,1200g砝码1个,1640g砝码1个,2000g砝码8个;

装料漏斗1个。

④小镜子1个。

(2)原料:高密度聚乙烯颗粒。

(3)耗材:棉纱布若干。

【操作方法和实验步骤】

(1)打开电源,设置温度、切样时间间隔和切割次数,等待升温,测试样前,保证料筒恒温>15min。

（2）根据预先估计的流动速率，称取 3 ~ 8g 试样。

（3）准备好纱布、镊子、抹布和口模清洁杆。

（4）温度恒定后用漏斗将称取的试样装入料筒，并手持活塞压实样料，此过程在 1min 内完成。

（5）等待 4min 后，温度应恢复到选定的温度，此时应把选定的负荷加到活塞上；活塞在重力的作用下下降，直至挤出没有气泡的细条。

（6）预切并开始计时，按设定的时间间隔自动切割，每条切段的长度在 10 ~ 20mm。

（7）切割结束后迅速把口模和余料压出，趁热迅速清洁口模，并用纱布清洗料筒内膛。

（8）关闭设备电源。

（9）切段冷却后，注意称量，准确到 1mg，计算平均质量。

（10）废弃固体回收至废固桶中。

【实验报告】

（1）简述实验原理。

（2）明确操作步骤和注意事项。

（3）试验中所用的温度、切割时间间隔、切断质量和负荷。

（4）熔体质量流动速率，g/10min，结果取 2 位有效数字。当获得多个测定值时，应报告所有单个测定值。

【注意事项】

（1）只要能装入料筒内膛，试样可为任何形状，如粉料、粒料或薄膜碎片等，试验前应按照材料规格标准，对材料进行状态调节，必要时，还应进行稳定化处理。单相电源必须可靠接地。

（2）料筒、活塞、口模应保持清洁，不能磕碰、划伤，料筒不能用非指定的工具清洁。

（3）清洁工作应在高温状态下进行，比较容易清洁。清理料筒的工具和口模此时的温度较高，一定要注意不要烫伤。

附：

（1）试样（粒状、条状、片状、模压料块等）在测试前根据塑料种类要求做湿烘干处理。根据试样的预计熔体速率按表 1 称取试样。

表 1　试样加入量与切样时间间隔

熔体速率/（g/10min）	试样加入量/g	切割时间/s
0.1 ~ 0.5	3 ~ 4	120 ~ 240
0.5 ~ 1.0	3 ~ 4	60 ~ 120
1.0 ~ 3.5	4 ~ 5	30 ~ 60
3.5 ~ 10	6 ~ 8	10 ~ 30
10 ~ 25	6 ~ 8	5 ~ 10

（2）试验条件见表2。

表2　试验条件

序号	标准口模内径/mm	试验温度/℃	口模系数/（g/mm²）	负荷/kg
1	1.180	190	146.6	2.160
2	2.095	190	70	0.325
3	2.095	190	464	2.160
4	2.095	190	1073	5.000
5	2.095	190	2146	10.000
6	2.095	190	4635	21.600
7	2.095	200	1073	5.000
8	2.095	200	2146	10.000
9	2.095	220	2146	10.000
10	2.095	230	70	0.325
11	2.095	230	253	1.200
12	2.095	230	464	2.160
13	2.095	230	815	3.800
14	2.095	230	1073	5.000
15	2.095	275	70	0.325
16	2.095	300	253	1.200

实验五　聚合物材料的维卡软化点测定

【实验目的】

(1) 了解热塑性塑料的维卡软化点的测试方法。

(2) 测定 PP、PS 等试样的维卡软化点。

【实验内容和原理】

聚合物的耐热性能，是指它在温度升高时保持其物理机械性质的能力。聚合物材料的耐热温度是指在一定负荷下，其到达某一规定形变值时的温度。发生形变时的温度通常称为塑料的软化点 T_S。因为使用不同测试方法各有其规定选择的参数，所以软化点的物理意义不像玻璃化转变温度那样明确。常用维卡 (Vicat) 耐热和马丁 (Martens) 耐热及热变形温度测试方法测试塑料耐热性能。不同方法的测试结果相互之间无定量关系，它们可用来对不同塑料进行相对比较。

维卡软化点是测定热塑性塑料于特定液体传热介质中，在一定的负荷、一定的等速升温条件下，试样被 $1mm^2$ 针头压入 1mm 时的温度。本方法仅适用于大多数热塑性塑料。实验测得的维卡软化点适用于控制质量和作为鉴定新品种热性能的一个指标，但不代表材料的使用温度。现行维卡软化点的国家标准为 GB 1633—2000《热塑性塑料维卡软化温度 (VST) 的测定》。

【仪器设备及原料】

1. 主要仪器

维卡软化点温度试验机。维卡软化点温度测试装置原理如图 1 所示。负载杆压针头长 3～5mm，横截面积为 $(1.000+0.015)\ mm^2$，压针头平端与负载杆成直角，不允许带毛刺等缺陷。加热浴槽选择对试样无影响的传热介质，如硅油、变压器油、液体石蜡、乙二醇等，室温时黏度较低。本实验选用甲基硅油为传热介质。可调等速升温速度为 $(5±0.5)$℃/6min 或 $(12±1.0)$℃/6min。试样承受的静负载 $G = W + R + T$ [W 为砝码质量；R 为压针及负载杆的质量 (本实验装置负载杆和压头为 95g，位移传感器测量杆质量 10g)；T 为变形测量装置附加力]，负载有 2 种选择：$G_A = 1kg$；$G_B = 5kg$。装置测量形变的精度为 0.01mm。

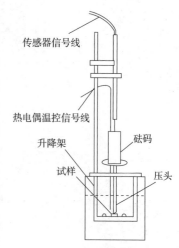

传感器信号线

热电偶温控信号线

升降架

砝码

试样

压头

图 1　维卡软化点温度
测试装置原理

2. 原料

维卡实验中，试样厚度应为 3～6.5mm，宽×长至少为 10mm×10mm，或直径大于

10mm。试样的两面应平行，表面平整光滑，无气泡、锯齿痕迹、凹痕或裂痕等缺陷。每组试样为2个。

(1)模塑试样厚度为3~4mm。

(2)板材试样厚度取板材厚度，但厚度超过6mm时。应在试样一面加工成3~4mm。如厚度不足3mm时，则可由不超过3块叠合成厚度大于3mm。

本试验机也可用于热变形温度测试，热变形试验选择斧刀式压头，长条形试样，试样长度约为120mm，宽度为3~15mm，高度为10~20mm。

【操作方法和实验步骤】

(1)按照"工控机"→"计算机"→"主机"的开机顺序打开设备的电源开关，让系统启动并预热10min。

(2)开启Power Test-W计算机软件，检查计算机软件显示的位移传感器值、温度传感器值是否正常。正常情况下，位移传感器值显示值应在-1.9~+1.9随传感器头的上下移动而变化。

(3)在主界面中选择"试验"，依据试验要求，选择试验方案名为维卡温度测试，选择试验结束方式，维卡测试定形变为1mm，升温速度设为50℃/h。填好后，按"确定"按钮，微机显示"实验曲线图"界面，点击实验曲线图中的"实验参数"及"用户参数"，检查参数设置是否正确。

(4)按主机面板的"上升"按钮，将支架升起，选择维卡测试所需的针式压头装在负载杆底端。安装时压头上标有的编号印迹应与负载杆的印迹一一对应。抬起负载杆，将试样放入支架，然后放下负载杆，使压头位于其中心位置，并与试样垂直接触，试样另一面紧贴支架底座。

(5)按"下降"按钮，将支架小心浸入油浴槽中，使试样位于液面35mm以下。浴槽的起始温度应低于材料的维卡软化点50℃。

(6)按测试需要选择砝码，使试样承受负载1kg(10N)或5kg(50N)。本实验选择50N砝码，将砝码凹槽向上平放在托盘上，并在其上面中心处放置一小磁钢针。

(7)下降5min后，上下移动位移传感器托架，使传感器触点与砝码上的小钢磁针直接垂直接触，观察计算机上各通道的变形量，使其达到-1~+1mm，然后调节微调旋钮，令计算机显示屏上各通道的显示值在-0.01~+0.01mm。

(8)单击各通道的"清零"键，对主界面窗口中各通道形变清零。

(9)在"试验曲线"界面中单击"运行"键进行实验。装置按照设定速度等速升温。计算机显示屏显示各通道的形变情况。当压针头压入试样1mm时，实验自行结束，此时的温度即为该试样的维卡软化点。实验结果以"年-月-日-时-分试样编号"作为文件名，自动保存在"DATA"子目录中。材料的维卡软化点以2个试样的算术平均值表示，同组试样测定结果之差应小于2℃。

(10)当达到预设的变形量或温度，实验自动停止后，打开冷却水源进行冷却。然后向上移动位移传感器托架，将砝码移开，升起试样支架，将试样取出。

（11）实验完毕后，依次关闭主机、工控机、打印机、计算机电源。

【实验报告】

（1）简述实验原理。

（2）明确操作步骤。

（3）单击主界面菜单栏中的数据处理图标，进入"数据处理"窗口，然后单击"打开"按钮，双击所需的实验文件名，单击"结果"按钮可查看试样维卡温度值，记录试样在不同通道的维卡温度，计算平均值。

（4）单击"报告"按钮，出现"报告生成"窗口，勾选"固定栏"的试验方案参数，以及"结果栏"的内容，如试样名称、起始温度、砝码重、传热介质等。单击"打印"按钮打印实验报告。

【思考题】

（1）影响维卡软化点测试的因素是什么？

（2）材料的不同热性能测定数据是否具有可比性？

实验六　聚合物材料拉伸性能测定实验

【实验目的】

(1)测定聚合物材料的屈服强度、断裂强度和断裂伸长率,并画应力－应变曲线。

(2)观察结晶性高分子化合物的拉伸特征。

(3)掌握高分子化合物的静载拉伸实验方法。

【实验内容和原理】

应力是指拉伸力引起的在试样内部单位截面上产生的内应力。

应变是指试样在外力作用下发生形变时,相对其原尺寸的相对形变量。影响因素:材料的组成、化学结构及聚态结构都会对应力与应变产生影响;应力－应变实验所得的数据也与温度、湿度、拉伸速度有关,因此应规定一定的测试条件。

本实验是在规定的实验温度、湿度及不同的拉伸速度下,在试样上沿轴向方向施加静态拉伸负荷,以测定塑料的力学性能。

拉伸实验是最常见的一种力学实验,由实验测定的应力－应变曲线,可得出评价材料性能的屈服强度、断裂强度和断裂伸长率等表征参数,不同的高分子化合物,不同的测定条件,测得的应力－应变曲线是不同的。

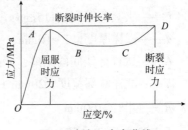

图1　应力－应变曲线

结晶性高聚物的应力－应变曲线分为 3 个区域,如图1所示。

(1)OA 段曲线的起始部分,近似直线,属普弹性变形,是由于分子的键长、键角及原子间的距离改变所引起的,其形变是可逆的,应力与应变之间服从胡克定律,即:

$$\sigma = E\varepsilon \tag{1}$$

式中　σ——应力,MPa;

　　　ε——应变,%;

　　　E——弹性模量,MPa。

A 为屈服点,所对应的是应力屈服应力或屈服强度。

(2)BC 段到达屈服点后,试样突然在某处出现一个或几个"细颈"现象,出现细颈现象的本质是分子在该处发生取向的结晶,该处强度增大,拉伸时细颈不会变细拉断,而是向两端扩展,直至整个试样完全变细为止,此阶段应力几乎不变,而变形增加很大。

(3)CD 段被均匀拉细后的试样,变长变细即分子进一步取向,应力随着应变的增大而增大,直到断裂点 D,试样被拉断,D 点的应力称为强度极限,即抗拉强度或断裂强度

$\sigma_{断}$，是材料重要的质量指标，其计算公式如下：

$$\sigma_{断} = P / (b \times d)(\mathrm{MPa}) \tag{2}$$

式中　P——最大破坏载荷，N；

　　　b——试样宽度，mm；

　　　d——试样厚度，mm。

断裂伸长率 $\varepsilon_{断}$ 是试样断裂时的相对伸长率，$\varepsilon_{断}$ 按式（3）计算：

$$\varepsilon_{断} = (F - G) / G \times 100\% \tag{3}$$

式中　G——试样标线间的距离，mm；

　　　F——试样断裂时标线间的距离，mm。

【仪器设备及原料】

（1）电子式万能材料试验机、游标卡尺。

（2）实验材料：聚合物材料标准试样5条，试验前需对试样的外观进行检查试样，表面平整无气泡、裂纹、分层和机械损伤等缺陷。另外，为减小环境对试样性能的影响，应在测试前将试样在测试环境中放置一定时间，使试样与测试环境达到平衡。一般试样越厚，放置时间应越长。拉伸样条的形状（Ⅰ型）如图2所示。

L——总长度（最小），150mm；

b——试样中间平行部分宽度，10mm±0.2mm；

C——夹具间距离，115mm；

d——试样厚度，2～10mm；

G——试样标线间的距离，50mm±0.5mm；

h——试样端部宽度，20mm±0.2mm；

R——半径，60mm。

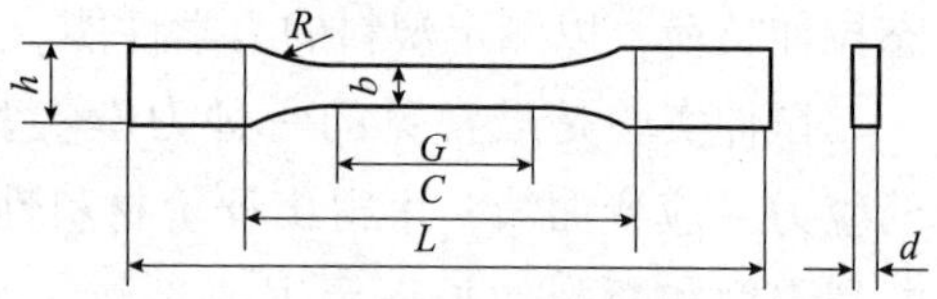

图2　拉伸试样

【实验方法和步骤】

（1）熟悉万能试验机的结构、操作规程和注意事项。

（2）用游标卡尺量样条中部左、中、右三点的宽度和厚度，精确到0.02mm，取平均值。

（3）实验参数设定

接通电源，启动试验机按钮，启动计算机，进入系统主界面，设定参数。

试验编号设定，注意试验编号不能重复使用。

试样设定：

试验类型：塑料拉伸性能测定。

拉伸方向：拉向。

拉伸速度：50mm/min（可变）。

变形测量：横梁位移。

设定试样参数：板材宽度、厚度（由游标卡尺测量出）。

标距：50mm。

夹具间的距离：115mm。

测试项目：最大负荷点、拉伸强度、断裂伸长率。

装夹试样：点击设备上升键将横梁运行到适当的位置，夹好试样上端，点击力清零。

（4）试验：移动横梁位置，夹好试样下端，点击变形清零、位移清零，点击开始试验，进行拉伸试验，观察拉伸过程的变形特征，直到试样断裂为止，记录试验数据。

（5）导出实验结果，将结果保存成 Word 文档。

（6）废弃的试件收至废固桶中。

【实验报告】

（1）简述实验原理。

（2）明确操作步骤和注意事项。

（3）做好原始记录。

（4）详细记录拉伸过程中观察到的现象，结合学过的理论知识分析现象产生原因（包括变形情况，表面及颜色变化，断裂情况及断面特点等）。

【实验注意事项】

操作试验机时，注意安全，横梁运行时手切勿放到夹具之间。

【思考题】

（1）对于Ⅰ形试样如何使试样在拉伸时在有效部分断裂？

（2）一般塑料的拉伸强度为多少？

实验七　聚合物弯曲性能测试实验

【实验目的】

（1）了解万能试验机的基本结构及测试原理，熟悉其基本的操作流程。

（2）掌握材料弯曲性能测试的测试技术及数据分析方法。

【实验原理】

弯曲强度测定常常采用简支梁法，将试样放在两支点上，在两支点间的试样上施加集中载荷，使脆性材料变形直至破裂时的强度即为弯曲强度。对于非脆性材料来讲，当载荷达到某一值时其变形继续增加而载荷不增加时的强度即为破坏载荷。

在弯曲载荷的作用下，试样将产生弯曲变形。变形后试样跨度中心的顶面到底面偏离原始位置的距离称为挠度。试样随载荷增加其挠度也增加。塑料的弯曲试验是把试样支撑成横梁，使其在跨度中心以恒定速度弯曲，直到试样断裂或变形达到预定值，测量该过程对试样施加的压力、极端弯曲强度、弯曲模量等值。

【仪器设备及原料】

仪器设备：万能试验机。

实验原料：聚氯乙烯（PVC）片材：规格 80mm×10mm×4mm。

【实验步骤】

（1）使用游标卡尺测量试样中间部位的宽度和厚度，测量三点，取其平均值，精确到 0.02mm。

（2）电子式万能材料试验机使用前预热 30min。

（3）调整电子式万能材料试验机，按照 GB/T 9341—2008《塑料　弯曲性能的测定》设定相应的实验参数。最大静态弯曲载荷选择 5000N 的挡位；定力衰减幅度为 60%；下压速度选择 10mm/min；试验结束后自动返车速率为 20mm/min。

（4）调节好跨度，将试样对称地放于支架上，上压头与试样宽度的接触线须垂直于试样长度方向，尽量靠近 PVC 板面，试样两端紧靠支架两头（图1）。设置 PVC 样品的宽度、厚度参数。操作界面参数清零。

（5）启动下降按钮，试验机按设定的参数开始工作。当压头接触到试样后，计算机开始自动记录试样所受的载荷及其产生的位移数据。至试样到达屈服点或断裂时为止，系统自动停止。

（6）保存数据，记录试验过程中施加的力和相应的挠度，根据数据作弯曲应变－应力曲线图并保存。根据图形分析试样的弯曲力学行为。

（7）废弃的试件收至废固桶中。

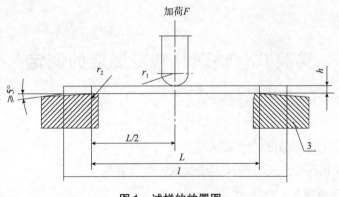

图1 试样的放置图

【实验注意事项】

(1)试验过程中，除了停止键和急停开关外，不要按控制盒上的其他按钮，否则会影响试验。

(2)任何时候都不能带电插拔电源线和信号线，否则很容易损坏电气控制部分。

(3)试验开始前，一定要调整好限位挡圈。

(4)试验结束后，一定要关闭所有电源。

【实验数据处理】

实验直接由计算机所得数据如表1所示：

表1 材料弯曲性能试验报告

执行标准	GB/T 9341—2008	
试样跨度	试样宽度	试样厚度

	弯曲模量 E_f/MPa	弯曲强度 σ_{fM}/MPa	规定挠度时的弯曲应力 σ_{fc}/MPa	断裂弯曲应力 σ_{fB}/MPa
第1根				

塑料弯曲应力： $$\sigma_f = \frac{3PL}{2bh^2} \qquad (1)$$

塑料挠度： $$S_i = \frac{\sigma_{fi}F^2}{6h} \qquad (2)$$

【实验误差分析】

分析影响材料弯曲性能测试的因素。

实验八　玻璃化转变温度的测定

【实验目的】

(1)了解玻璃化转变温度的测试原理。

(2)掌握玻璃化转变温度的测试方法及数据处理方法。

【实验内容和原理】

玻璃化转变温度(T_g)是高分子化合物的一个重要特性参数，是高分子化合物从玻璃态转变为高弹态的温度。在聚合物使用上，T_g一般为塑料的使用湿度上限，橡胶使用温度下限。从分子结构上讲，玻璃化转变是高分子化合物无定形部分从冻结状态到解冻状态的一种松弛现象，而不像相转变那样有相交热，所以其是一种二级相变(高分子动态力学内称主转变)。在玻璃化温度下，高分子化合物处于玻璃态，分子链和链段均不能运动，只是构成分子的原子(或基团)在其平衡位置做振动，而在玻璃化温度时，分子链虽不能移动，但是链段开始运动，表现出高弹性质。温度再升高，就使整个分子链运动而表现出黏流性质。在玻璃化温度时，高分子化合物的比热值、热膨胀系数、黏度、折光率、自由体积及弹性模量等都发生一个突变。

聚合物试样随着温度上升，从玻璃态转变为高弹态，从高弹态转变为流动态。试样的高弹态和流动态可通过形变过程而确定。热机分析仪的工作原理是通过铂电阻 Pt100 感温元件测量炉内的温度，由 PLC 进行 PID 运算，控制加热部件单元，达到等速升温的目的。形变由位移传感器显示并输出位移信号上传至 PC，PC 绘制温度 - 变形曲线。最后通过在温度 - 变形曲线上找到拐点得到 T_g 值。

【仪器设备及原料】

仪器：XWJ - 500B 热机分析仪

原料：标准试样可为高分子材料(如聚乙烯、聚苯乙烯等)圆柱形试样：$\phi \times L$, mm：$(4.5 \pm 0.5) \times (6.0 \pm 1.0)$ 或正方形样品，$a \times b \times L$, mm：$(4.5 \pm 0.5) \times (4.5 \pm 0.5) \times (6.0 \pm 1.0)$

【操作方法和实验步骤】

压缩压头为($\phi 4.0 \pm 0.05$)mm 的圆柱形压头；试样承受压强为(0.4 ± 0.2)MPa(加 1 号 250g 砝码，总载荷为 500g)；试样加热速率为(1.2 ± 0.5)℃/min。

(1)从附件箱中取出压缩吊筒、压缩试样架、压缩压头；将状态调节好的压缩试样放入压缩试样架内，并一同放入压缩吊筒内。

(2)从上部压上压缩压头；逆时针旋转手轮升起机架上的升降架；从升降架上部插入测温热电偶；将压缩吊筒用吊筒安装螺母安装在升降架上的吊筒安装座上；顺时针旋转手

轮降低升降架，使压缩吊筒插入保温炉内；从升降架上放下加载杆，压在压缩压头上，并加上适当的砝码(1号砝码250g)；按下电器控制箱前面板"电源"按钮，电源指示灯亮。

（3）打开计算机，进入操作界面。调整测位移装置位置，使计算机显示界面中，"显示位移"显示范围在 −3.0～0mm。设定升温速率、上下限温度。上限温度高于试样玻璃化温度30～50℃，下限温度低于室温(设为0.0即可)，如图1所示。

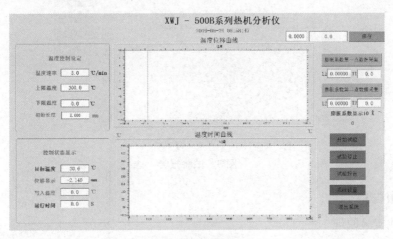

图1　温度控制设定

（4）按下电器控制箱前面板"控温"按钮，控温指示灯亮。点击"开始试验"加热试样，计算机实时测定试样的温度及形变量。分析温度−形变曲线，确定材料的特性参数，当曲线发生急剧变化后，单击"试验停止"按钮即可终止试验。单击图像急剧变化点(拐点)再点击"保存"按钮。如图2所示。

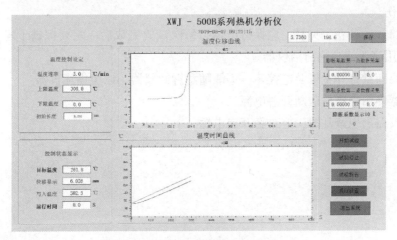

图2　温度−形变曲线图

（5）单击"试验报告"即可看到玻璃化温度 T_g。如图3所示。

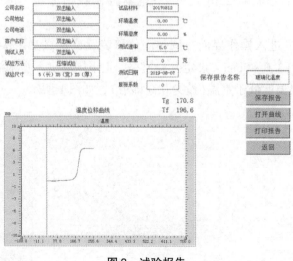

图3　试验报告

【实验报告】

（1）简述实验原理。

（2）明确操作步骤和注意事项。

（3）记录原始数据。得到温度–形变曲线，并进行分析，得出玻璃化转变温度。

【注意事项】

（1）电源线、控制线、信号线应布置整齐，试验过程中不应随意移动、触碰。

（2）仪器周围不要放置怕高温或易燃的物品。操作时应佩戴隔热性能良好的手套，防止被高温烫伤。

（3）炉筒、试验仓、夹具、应保持清洁，每次试验完成后一定要擦拭干净。使用一段时间后，可用高级清洁剂清洁仪器。

（4）不要随意打开主机及电控箱，不能随意拆卸仪器，以免损坏仪器。

（5）仪器使用完毕后应断开总电源。

（6）当仪器出现紊乱时，应重新开启电源。

实验九 热膨胀系数的测定

【实验目的】

(1) 了解热膨胀系数的测试原理。

(2) 掌握热膨胀系数的测试方法及数据处理方法。

【实验内容和原理】

热膨胀是指物体的体积或长度随着温度升高而增大的现象。热膨胀系数是材料的主要物理性质之一，它是衡量材料热稳定性好坏的重要指标。

在一定温度范围内，原长为 l_0 的物体受热后伸长量 Δl 与其温度的增加量 Δt 近似成正比，与原长 l_0 也成正比。通常定义固体在温度每升高 1℃ 时，在某一方向上的长度增量 $\Delta l / \Delta t$ 与 0℃ (由于温度变化不大时长度增量非常小，实验中取室温) 时同方向上的长度 l_0 之比，叫作固体的线热膨胀系数 α，即：

$$\alpha = \frac{\Delta l}{l_0 \cdot \Delta t} \tag{1}$$

【仪器设备及原料】

仪器：XWJ – 500B 热机分析仪。

原料：标准试样可为高分子材料 (如聚苯乙烯等)，式样尺寸：5mm × 5mm × 7mm。

【操作方法和实验步骤】

(1) 把试样放入石英玻璃管内，安放在固定塞中，整体固定在石英玻璃管吊筒内。

(2) 把石英玻璃柱放入石英玻璃管内，压住试样。

(3) 逆时针旋转手轮升起机架上的升降架。

(4) 从升降架上部插入测温热电偶。

(5) 将石英玻璃管吊筒用吊筒安装螺母安装在升降架上的吊筒安装座上。

(6) 调整石英玻璃柱上的挡片，使之与位移传感器接触。旋转挡片上的螺钉，使挡片固定在石英玻璃柱上。

(7) 顺时针旋转手轮降低升降架，使石英玻璃吊筒插入保温炉内。

(8) 按下电器控制箱前面板"电源"按钮，电源指示灯亮。

(9) 打开计算机按照条款 5 操作，进入操作界面。

(10) 调整测位移装置位置，使计算机显示界面中，"显示位移"显示范围在 0 ~ 3.0mm。

(11) 设定升温速率、上下限温度。上限温度高于试样玻璃化温度 30 ~ 50℃，下限温度低于室温 (设为 0.0 即可)，如图 1 所示。

(12) 按下电器控制箱前面板"控温"按钮，控温指示灯亮。

(13) 点击"开始试验"加热试样，计算机实时测定试样的温度及形变量。

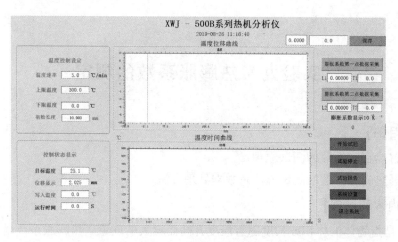

图1　温度控制设定

（14）分析温度－形变曲线，确定材料的特性参数，当试验温度高于所需温度30～50℃时，点击"试验停止"即可终止试验。

（15）点击图线上第一点，在"保存"前面方框分别显示变形量及对应的温度。再点击膨胀系数第一点数据采集，下面T1、L1分别显示出变形量及对应温度，如图2所示。

（16）点击图线上第二点，在"保存"前面方框分别显示变形量及对应的温度。再点击膨胀系数第二点数据采集，下面T2、L2分别显示出变形量及对应温度，如图2所示。

（17）膨胀系数显示下面显示数值，即自动计算出试样的膨胀系数。

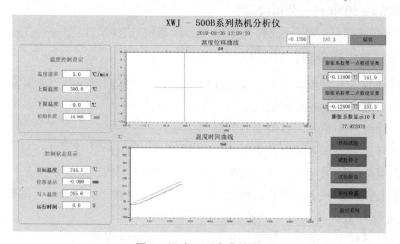

图2　温度－形变曲线图

（18）在"试验报告"显示界面。填好各项要求，点击"保存报告"。

【实验报告】

（1）简述实验原理。

（2）明确操作步骤和注意事项。

（3）记录原始数据，得到温度－形变曲线，并进行分析，得出热膨胀系数。

【注意事项】

（1）电源线、控制线、信号线应布置整齐，试验过程中不应随意移动、触碰。

（2）仪器周围不要放置怕高温或易燃的物品。操作时应佩戴隔热性能良好的手套，防止被高温烫伤。

（3）炉筒、试验仓、夹具、应保持清洁，每次试验完成后一定要擦拭干净。使用一段时间后，可用高级清洁剂清洁仪器。

第11章　化工创新性实验

党的二十大召开，确立和坚持马克思主义在意识形态领域指导地位的根本制度，社会主义核心价值观广泛传播，制造业的一些关键核心技术实现突破，化工行业得到创造性转化和创新性发展。基于培养适合新时代发展需求的专业人才，创新型实验项目在该背景下应运产生。

实验一　催化剂内扩散有效因子测定实验

【实验目的】

(1) 理解内、外扩散过程及其对反应的影响；

(2) 掌握催化剂内扩散有效因子的概念及其测定方法；

(3) 理解本征反应动力学的实验测定方法；

(4) 理解固定床反应器中床层的温度分布情况。

【实验原理】

"多相系统中的化学反应与传递现象"是反应工程课程的重点内容之一，通过本实验使学生对课程的内容有更深入的理解。

环己烷是无色透明的液体，不溶于水，有刺激性气味，易挥发、易燃，沸点为80.73℃，相对密度 d_4^{20} 为0.7785。主要作为己二酸和己内酰胺的合成原料。环己烷的生产方法以苯加氢为主，其次是石油烃分离法。苯加氢制环己烷，采用气固相催化反应或液相催化反应都可得到较高收率，工业上两种方法都有万吨级生产规模。本实验采用气固相催化加氢法，用镍催化剂在固定床反应器中合成环己烷。

1. 苯加氢气固相催化反应本征动力学

在 Ni/Al_2O_3 固体催化剂作用下，苯加氢反应方程式为：

$$C_6H_6(g) + 3H_2(g) \xrightarrow{130 \sim 180℃} C_6H_{12}(g)$$

（A）

此反应可近似看成单一不可逆放热反应，

在氢气大大过量的情况下可视为拟一级反应，

故：

$$(-R_A)_{\text{本}} = k_w C_{AG} \tag{1}$$

式中 k_w——本征反应速率常数；

C_{AG}——苯的摩尔浓度。

2. 宏观动力学

固体催化剂外表面为一气体层流边界层所包围，颗粒内部则为纵横交错的孔道，如图1所示。多相催化反应过程步骤包括：

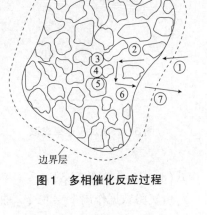

①反应物由气相主体扩散到颗粒外表面——外扩散；

②反应物由外表面向孔内扩散，到达内表面——内扩散；

③反应物在内表面上吸附；

④反应物在内表面上反应生成产物；

⑤产物自内表面解吸；

⑥产物由内表面扩散到外表面——内扩散；

⑦产物由颗粒外表面扩散到气相主体——外扩散。

边界层

图1 多相催化反应过程

气固催化反应的速率不但与化学反应有关，还和流体流动、传热、传质有关，这种包括了物理过程影响的化学反应速率叫作宏观反应速率。通常用有效因子的概念来表示扩散对反应的影响，则：

$$(-R_A)_宏 = \eta_0 (-R_A)_本 \tag{2}$$

式中 η_0——总有效因子，它表示了内、外扩散阻力对化学反应影响程度的大小。

$$\eta_0 \begin{cases} \eta_x——外扩散有效因子 \\ \eta——内扩散有效因子 \end{cases}$$

通过床层的流体质量速度 G 对外扩散有显著影响，G 增大时，外扩散速率变快，而 G 的变化对内扩散并无影响。当质量速度 G 增大到某一值 Gc 时，可认为外扩散的阻力为零，只存在内扩散阻力。

当只有内扩散影响，外扩散阻力可不计时：$\eta_0 = \eta$

$$(-R_A)_{宏观} = \eta (-R_A)_{本征} \tag{3}$$

3. 内扩散有效因子的测定

在外扩散影响已经消除的基础上测定内扩散有效因子。

实验在装填有一定质量、一定粒径球形催化剂的固定床反应器中进行。按图2，取微元 dW 对 A 组分作物料衡算可得：

$$F_{AO} dx_A = (-R_A)_宏 dW \tag{4}$$

式中 F_{AO}——A 的进料摩尔流率；

$$(-R_A)_{宏观} = \frac{dx_A}{d(W/F_{AO})} \tag{5}$$

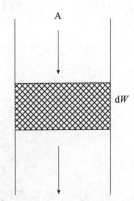

A

dW

图2 物料衡算示意图

在某一反应温度下，通过改变苯和氢气的进料流量，测定相应

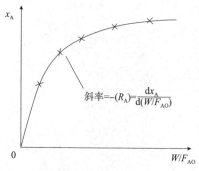

图3 宏观反应速率求取

的出口组成，求得苯的转化率 x_A，得到 $x_A - W/F_{AO}$ 曲线（图3），曲线上任意一点的斜率就对应于该转化率下的宏观反应速率，而：

$$(-R_A)_{宏观} = \eta_0 (-R_A)_{本征} = \eta k_p C_{AG} \qquad (6)$$

式中：

$$C_{AG} = C_{AO}(1 - x_A) \qquad (7)$$

C_{AO} 可根据进料组成求得。所以：

$$\eta = \frac{(-R_A)_{宏观}}{k_w C_{AG}} \qquad (8)$$

由于本征反应速率常数 k_p 值未知，故不能直接由式(8)求出内扩散有效因子。

由实验数据作出 $x_A - W/F_{AO}$ 曲线，曲线方程为：

$$x_A = A\left(\frac{W}{F_{AO}}\right)^2 + B\left(\frac{W}{F_{AO}}\right) + C \quad （其中 A、B、C 为拟合多项式系数）$$

曲线上任意一点的斜率就对应于该转化率下的宏观反应速率：

$$(-R_A)_{宏} = \frac{dx_A}{d(W/F_{AO})} = B + 2A \times \left(\frac{W}{F_{AO}}\right)$$

在球形颗粒催化剂上进行一级不可逆反应时：

$$\eta = \frac{3}{\phi_s}\left[\frac{1}{\tanh(\phi_s)} - \frac{1}{\phi_s}\right] \qquad (9)$$

ϕ_s 为球形颗粒上进行一级反应时的西勒模数：

$$\phi_s = R\sqrt{\frac{k_v}{D_{eA}}} \qquad (10)$$

$R = \frac{V_s}{S_s}$ 为催化剂颗粒半径，为一已知值（本反应器填装 $10\sim20$ 目的催化剂，颗粒半径约 1.5 mm）。

定义：

$$\Phi_s = \phi_s^2 \eta = R^2 \frac{k_v}{D_{eA}} \frac{(-R_A)_{宏}}{D_{eA} k_w C_{AG}} = R^2 \frac{k_w \rho_p}{D_{eA}} \frac{(-R_A)_{宏}}{k_w C_{AG}} = R^2 \frac{(-R_A)_{宏} \rho_p}{D_{eA} C_{AG}} \qquad (11)$$

上式右边各项均可由实验测得，故由此式可直接求出 Φ_s 值。

式中 k_v——按单位体积催化剂计算的反应速率常数；

ρ_p——颗粒密度，g/cm^3；

式中 k_w——按单位质量催化剂计算的反应速率常数；

ϕ_s——西勒模数；

η——有效因子；

D_{eA}——气态苯在催化剂颗粒内部的有效扩散系数，取作 $0.2 cm^2/s$。

催化剂的颗粒密度计算：$\rho_p = \dfrac{0.1667}{\dfrac{\pi}{4} \times 0.5^2 \times 0.5} g/cm^3 = 1.6985 g/cm^3$（经称量原颗粒催化

剂是直径和高度均为 5mm 的圆柱体，质量 0.1667g，本反应器中填装的催化剂是由圆柱状颗粒粉碎至 10~20 目所得，其颗粒密度不变。）

先假设 ϕ_s，由 $\eta-\phi_s$ 求出 η，判断得到的 $\phi_s^2\eta$ 值是否等于由式（11）求得的 Φ_s，若不等，重新假设 ϕ_s 值，反复计算，直到相等。若相等，此时的 η 值即为所求。

对于一级不可逆反应，球形催化剂颗粒的 η 随 ϕ_s 的变化关系如图 4 所示。由图 4 可知，当 $\phi_s<0.5$ 时，η 接近 1.00，表明球形催化剂颗粒内的扩散进行得很快，内扩散影响可以忽略；当 $0.5<\phi_s<3.0$ 时，η 介于 0.67~0.98 之间，表明此时内扩散的影响已经很明显，不能忽略；当 $\phi_s>3.0$ 时，η 已经较小，说明内扩散影响非常严重，这时催化剂的内表面的利用率很低。ϕ_s 越大，η 越小，但当 $\phi_s>10.0$ 时，η 随 ϕ_s 值增大而减小的趋势变缓。要使催化剂颗粒微孔内的物质浓度均维持在较高水平，η 相对较

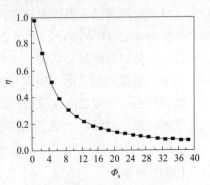

图 4 催化剂颗粒有效因子随 Thiele 模数的变化关系

大，充分利用催化剂整个内表面，应降低 ϕ_s 的值，并使其保持在 0.0~0.5。

【实验装置】

1. 实验流程图

实验流程图见图 5。

氢气钢瓶出来的氢气经减压计量后与从蠕动泵打出的苯混合进入预热器，在此苯汽化并与氢气充分混合均匀，从预热器出来的原料进入反应管，从上而下经过床层，反应产物从反应管下端出来，可以直接经保温进入气相色谱采样，分析结束，改变实验条件，体系稳定期间产品经过气体冷凝器冷凝，进入气液分离器，尾气排空，液相也可通过下端阀门取样。改变气液流量等实验条件，进行多组实验。

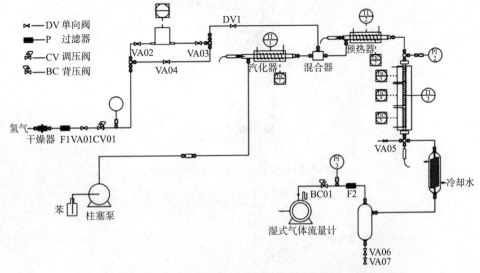

图 5 催化剂颗粒内扩散有效因子测定实验流程图

2. 实验装置及试剂

该装置由反应系统和控制系统组成，反应器为管式固定床，不锈钢材质。反应管外径27mm，内径15mm，长度500mm。管内有直径为3mm的不锈钢套管，以便在3mm管内插入直径为1mm的铠装式热电偶。加热炉采用三段控温，于炉子1/3，1/2，2/3处分别内插一根控温热电偶，控制加热炉的加热功率。预热器外径16mm，内径10mm，长度250mm，预热炉加热功率0.5kW。

反应加热炉为圆形开式炉，加热炉 φ300mm×500mm。加热功率1.5kW。温度控制灵活，控温与测温数据均触摸屏显示。

检测仪器：气相色谱仪(TCD检测，氢气作载气)

试剂：苯(分析纯)、氢气(钢瓶装)、氮气(钢瓶装)

实验装置使用说明视频可扫图6所示的二维码获得。

图6 催化剂内扩散有效因子测定实验装置使用说明视频二维码

【操作步骤】

(1)通氮气试漏：质量流量计切换到冲洗状态，调节入口稳压阀，保持入口压力表4MPa左右，反应器入口压力表≥3MPa，用肥皂水检测各接口是否有泄漏。

(2)催化剂装填：试漏完成后，泄压至常压，拆卸反应器，按照图7将催化剂填装进反应器内，再将卡套和出口接管连接好，拧紧密封，慢慢安装到装置上，待用。

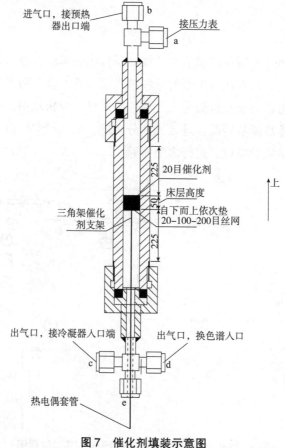

图7 催化剂填装示意图

(3)催化剂还原：开启总电源和控制电源，打开氢气钢瓶总阀，调节稳压阀，使氢气出口处压力稳定在0.1MPa，氢气流量100mL/min。反应炉程序控温设置SP1：室温，t1：180min；SP2：150～160℃，t2：120min；SP3：150～160℃，t3：120min；SP4：250～260℃，t4：240min；SP5：250～260℃，t5：－121.0（SP2、SP3、SP4温度值可依据室温的不同而更改，在两个恒温段分别保证催化剂床层温度在150℃和250℃左右）。

(4)柱塞泵标定：用量筒和秒表对常用量程范围进行标定，做出标准曲线。（建议用无水乙醇标定，苯有毒）

(5)色谱分析：柱前压：0.1MPa；汽化温度：120℃；柱箱温度：100℃；检测器温度：120℃；桥电流：100mA；苯、环己烷填充柱。载气氢气流量25mL/min。

(6)温度设定：开启电源开关，设置好预热器和反应器加热炉上、中、下三段的温度150℃、110～120℃、130～140℃、110～120℃。

(7)升温：打开氢气钢瓶总阀，调节稳流阀，使氢气出口处压力稳定在0.1MPa左右，控制合适的氢气流量（100mL/min左右）通入反应器，目的是使床层温度升高时床层温度均匀，同时氢气也是反应原料。

(8)进料：待预热器和反应器加热炉的温度分别达到所设定的温度时，给冷凝器通冷却水。开启液体泵，泵入苯，苯的流量根据停留时间的要求控制在某一适当的流量，并要求苯和氢气的进料摩尔配比维持在1:6，根据此摩尔配比调节氢气的流量（亦可根据后面调试数据进行实验，建议从大流量到小流量做，尽量不要直接操作最大流量，以免影响床层的稳定）。

(9)催化反应：苯在预热器汽化并与氢气混合后进入催化剂床层发生反应。由于是放热反应，若反应器的温度升高属于正常现象，此时要对加热炉中段给定温度稍作调整。

(10)取样分析：进料约5min，当看到反应炉的温度≥140℃时，即可默认反应已经开始，反应30min后用试管采集液相或者经取样阀进色谱检测产品组成，继续反应10min，重复检测产品，得到产品组成，做两组平行数据。

(11)改变苯进料流量，同时相应改变氢气进料流量，保持苯和氢气的进料摩尔配比不变（仍为1:6），待稳定后重复操作步骤(9)，进行5～6个不同流量实验，稳定期间的产品经过冷凝器冷凝、气液分离器分离，尾气排空，冷凝液有毒待实验结束后集中处理。

(12)尾气处理：实验尾气含有少量苯，需要通过硅胶软管将尾气排放到室外，或者将尾气排入工业乙醇进行吸收，吸收废液定期集中处理。

(13)实验结束，关闭蠕动泵，关闭加热电源。继续通入氢气，待床层温度降至100℃以下，方可关闭氢气钢瓶，以防止温度过高造成催化剂失活。

【注意事项】

(1)实验前，一定要检查管路的气密性，尾气要接到室外；本实验用氢，切记安全！！！

(2)实验操作一定要按步骤进行，防止催化剂失活；

(3)实验中要注意保持氢气、苯流量的稳定；

(4)实验结束后，检查水、电、气的阀门，关闭后才能离开。

【数据记录】

实验数据记录于表1，表2。

气温：_____℃   大气压：_____MPa   实验日期：_____

表1   实验记录

序号		氢气流量/ （mL/min）	苯流量/ （mL/min）	反应温度/ ℃
1	（1）			
	（2）			
2	（1）			
	（2）			
3	（1）			
	（2）			
4	（1）			
	（2）			
5	（1）			
	（2）			
6	（1）			
	（2）			

表2   分析结果

数据序号		$y_1/$ %	$y_2/$ %	$x_A/$ %	$\bar{x}_A/$ %	$W/F_{AO}/$ （g·h/mol）
1	（1）					
	（2）					
2	（1）					
	（2）					
3	（1）					
	（2）					
4	（1）					
	（2）					
5	（1）					
	（2）					
6	（1）					
	（2）					

【数据处理】

1. 反应器出口转化率的计算

设苯的流量为 F_{AO}(mol/h)，反应器出口转化率为 x_A，出口气体中，苯的质量百分含量为 y_1，环己烷的质量百分含量为 y_2(不考虑其中氢气的质量百分含量)，即 $y_1 + y_2 = 100\%$。

由化学方程式：

$$C_6H_6(g) + 3H_2(g) \xrightarrow{Ni, 150℃} C_6H_{12}(g)$$

反应前：(mol/h) F_{AO} 0

反应后：(mol/h) $F_{AO} \cdot (1 - x_A)$ $F_{AO} \cdot x_A$

即：(g/h) $F_{AO} \cdot (1 - x_A) \cdot 78$ $F_{AO} \cdot x_A \cdot 84$

$$y_1 = \frac{78 \cdot F_{AO} \cdot (1 - x_A)}{78 \cdot F_{AO} \cdot (1 - x_A) + 84 \cdot F_{AO} \cdot x_A} = \frac{13(1 - x_A)}{13(1 - x_A) + 14x_A}$$

$$y_2 = \frac{84 \cdot F_{AO} \cdot x_A}{78 \cdot F_{AO} \cdot (1 - x_A) + 84 \cdot F_{AO} \cdot x_A} = \frac{14x_A}{13(1 - x_A) + 14x_A}$$

简化得：$x_A = \dfrac{13(1 - y_1)}{13 + y_1}$ 或 $x_A = \dfrac{13y_2}{14 - y_2}$

y_1 和 y_2 可通过气相色谱分析反应器出口气体组成而得。因此可计算出口转化率。

2. 反应速率($-R_A$)的计算

由实测的 $x_A - W/F_{AO}$ 曲线，可用多项式拟合，然后求导，任何一个 x_A 所对应的导数值就是该点的反应速率值($-R_A$)。

3. 有效扩散系数 D_{eA} 值

苯在催化剂颗粒中的有效扩散系数可取 $0.2cm^2/s$。

4. 内扩散有效因子的计算

将上述($-R_A$)、D_{eA}、催化剂颗粒半径 R、C_{AG} 代入(11)式中，得出 Φ_s，先假设 ϕ_s，由 $\eta - \phi_s$ 求出 η，判断得到的 $\phi_s^2 \eta$ 值是否等于由式(11)求得的 Φ_s，若不等，重新假设 ϕ_s 值，反复计算，直到相等。若相等，此时的 η 值即为所求。

提供 Excel 计算表格，只需将实测的 y_1 和 y_2 及反应器床层温度 T_0 输入表格中，即可得到实验结果，通过手动试差方法，即可得到有效因子 η 值。

【实验讨论】

(1)外扩散阻力如何消除？

(2)本征反应动力学如何测定？

附：实验前准备

1. 活化

(1)催化剂活化条件

催化剂 HTB - 1H，粉碎至 20 ~ 40 目，称取 7g，并量其体积约 9mL，将其装入反应管，记录床层高度和位置。

（2）开车前设定参数值

氢气流量：100mL/min

中段： SP1：20　t1：180 SP2：160　t2：120 SP3：160　t3：120 SP4：260　t4：300 SP5：260　t5：-121.0	上段： SP1：20　t1：180 SP2：160　t2：120 SP3：160　t3：120 SP4：260　t4：300 SP5：260　t5：-121.0	下段： SP1：20　t1：180 SP2：160　t2：120 SP3：160　t3：120 SP4：260　t4：300 SP5：260　t5：-121.0

（3）记录数据

记录温度，开始加热后，每隔20min记录一次温度值，填入表格

时间/min	上显-上设/℃	中显-中设/℃	下显-下设/℃	反应器温度/℃
0				
10				
20				
40				
60				
80				
100				
120				
140				
160				
180				
恒温120min				
20				
60				
100				
120				
第二段升温				
20				
40				
60				
80				
110				
120				

时间/min	上显 – 上设/℃	中显 – 中设/℃	下显 – 下设/℃	反应器温度/℃
恒温300min				
20				
40				
60				
120				
180				
240				
300				

（4）降温

将炉子加热旋钮关闭，停止加热，并将炉子门打开，以加快散热速度。待测温仪表显示温度值低于100℃后，关闭氢气钢瓶阀，依次关闭电控柜的各开关，切断电源。

2. 泵的标定

通常情况下，泵在出厂前已经完成标定，此标定过程可以省去。当泵使用时间较长，内部有磨损时需要进行标定。

本实验的原料液为液体苯，因苯有毒，而乙醇与苯的密度相近，故用分析纯的乙醇代替苯对泵进行标定。标定过程如下：

（1）开启设备总电源，开启泵电源，启动泵预热10min，将泵吸液软管接到乙醇试剂瓶中，将泵出口软管接到10mL量筒上方。

（2）设定转速，按泵开关按钮，同时用秒表计时，可以进行标定实验。

（3）重新设定转速，按泵开关按钮，同时用秒表计时，可以进行标定实验。

（4）做5个点，描点连线，即得到泵的标定曲线。液体实际流量要用该标定曲线进行校正，校正后的流量值才是液体苯的实际流量。

实验二　多功能反应实验

【实验目的】

(1)对比分析流化床、固定床反应以及釜式反应的装置特点；

(2)理解以乙醇气相脱水进行制备乙烯的过程，学会设计实验流程和操作；

(3)掌握乙醇气相脱水操作条件对产物收率的影响，学会获取稳定工艺条件的方法；

(4)理解流化床与固定床的床型结构与操作方法的不同，以及通过流化床进一步掌握类似催化裂解的实验技巧；

(5)熟练操作釜式反应，包括液相、液－液相、液－固相、气液相的反应。

【实验原理】

本装置选取的乙醇脱水反应制乙烯是化学反应中比较简单的一种反应过程，一般催化剂处于静止状态让反应物通过加热的固定床反应床层，此时乙醇即转化为乙醚和乙烯及水。低温下乙醚占优，高温下乙烯占优。催化剂一般是采用 $\phi 3mm \times 3mm$ 的条状脱水催化剂，如活性氧化铝、ZSM－5分子筛等催化剂都有较高转化率和选择性。但固定床在热量传递方面是依靠外部供热，床层内部与壁之间有很大的温差，对转化带来不利因素。如果将催化剂颗粒减小到1mm以下，在反应器内由下至上通入反应物(气体或液体)，此反应物通过床层速度增大到一定值后，上升的气体或液体将会把粒子带起，使流体中的粒子呈悬浮状态，若一直保持稳定的这一流速，则床层的粒子会不断上下跳动沸腾，这时我们将此称为沸腾流化床操作，它与固定床不同点是在流化床中粒子沸腾时，可将热量快速从壁上传至内部，而且全部床层内温度很均匀，这就是流化床的优点。如果流化床的进料速度过大，会将粒子吹出，这时粒子便进入移动状态，在催化裂化的反应中，催化剂可从反应床移至再生床，从再生床再回到反应床，并周而复始稳定循环，以保持较高催化活性。工业催化裂化就是这种形式的操作，但在实验室较少采用循环法操作，多采用在一个反应器内反应后再进行再生，也就是催化剂上因结碳而失活，采用空气和氮气的混合气在同一个反应器内保持500℃流化状态下操作，活化一定时间，能烧掉结碳并恢复活性。对乙醇脱水反应催化剂失活时即可按此方法进行再生。

学习中也要掌握全设备的仪表控制方法、流程、反应器结构、反应与操作原理。另外还应掌握各类脂肪醇脱水生成相应碳数的烯烃方法。

1. 乙醇脱水反应原理

乙醇脱水依催化剂类型、反应温度、压力、接触时间(加料速度)的不同，其过程也不同，但总的反应是由下列反应式组成的。

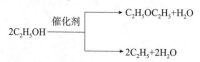

$$2C_2H_5OH \xrightarrow{\text{催化剂}} \begin{cases} C_2H_5OC_2H_5+H_2O \\ 2C_2H_5+2H_2O \end{cases}$$

低温下反应以 $2C_2H_5OH \longrightarrow C_2H_5OC_2H_5 + H_2O$ 为主；

高温下反应以 $2C_2H_5OH \longrightarrow C_2H_4 + 2H_2O$ 为主。

实际上都是乙醇脱水反应，在两者之间的温度下，反应产物中必然含乙醚和乙烯产物。由于流化床有传热和高返混的作用。在同样温度下，乙烯含应高于固定床。

应注意的是二碳原子的乙醇脱水生成乙烯、三碳醇脱水生成的丙烯、四碳醇脱水生成丁烯、高碳醇生成高碳数烯烃等，均可采用相同的催化剂和操作方法。

如：

$$\begin{array}{c} 2R\!-\!CH_2\!-\!CH_2 \\ || \\ HOH \end{array} \Biggl\lbrace \begin{array}{l} \longrightarrow 2RCH\!=\!CH_2 + 2H_2O \\[2mm] \longrightarrow (RCH_2CH_2)_2O + H_2O \end{array}$$

乙醇脱水反应历程有多种解释，现取一种介绍如下：

$$\begin{array}{ccc} CH_2 \!-\! CH_2 & \longrightarrow & CH_2\!=\!\!=\!CH_2 + H_2O \\ \boxed{\begin{array}{cc} | & | \\ H & OH \end{array}} & & \end{array}$$

$$\begin{array}{ccc} \!-\!\overset{|}{C}\!-\!\overset{|}{C}\!- & \Longleftrightarrow \;\; -\!\overset{|}{C}\!-\!\overset{|}{C}\!- & \Longleftrightarrow \;\; -\!\overset{|}{C}\!-\!\overset{|}{C} \;\; \Longleftrightarrow \;\; -C\!=\!C\!- \\ OHH & HOH_2^+ & H+ \\ \text{醇} & \text{质子化的醇} & \text{正碳离子} \qquad \text{烯烃} \end{array}$$

甲醇类、烃基上的氧原子，含有共有电子对，与（H^+）结合形成𰯲盐。由于氧原子上带正电荷，使之变成强吸电子基，并使 C—O 键易于断裂，整个反应速度由第二步生成正碳离子的速度决定，在这一步中只有一个分子发生价键的破裂，叫单分子历程。简称 E1 消除反应。

2. 固定床操作原理

气固相催化反应固定床装置是管式反应器，床内有直径 3mm 的不锈钢套管，并在管内插入直径 1mm 的垲装热电偶，测定反应温度。催化剂处于静止状态让反应物通过加热的固定床反应床层，乙醇即发生脱水反应。

3. 流化床操作原理

流态化现象可以由气体、液体与固体颗粒形成气固流态化、液固流态化或气—液—固三相流态化。其中工业应用较多的是气 - 固流态化。

在垂直的容器中装入固体颗粒，由容器底部经多孔填料分布段通入气体。起初固体颗粒静止不动为固定床状态，这时气体只能从固体缝隙通过。随着气量增大，当达到某一数值时，颗粒开始松动，此时的表观速度（空塔速度）称为起始流化速度，亦称临界流化速度。此时，颗粒空隙率增大，粒子悬浮而不再相互支撑，处于运动状态，层床面明显升高，床内压降在达到流化后，随流速增加而减少，再加大流速也基本不变。

随着气速再增大，床层开始膨胀并有气泡形成，气泡内可能包含少量的固体颗粒成为气泡相，气泡以外的区域成为乳相，这种流化状态称为聚式流态化（也称鼓泡床）。若床内没有气泡形成则称为散式流态化，也叫平稳床。随着气速再增加，达到终端速度，颗粒就会被气体带出，叫扬析或气力输送(粒子与流体一起流动或移动)。

流化床的换热效果比固定床优越，能及时把反应热移走，床层温度均匀，避免产物产生过热现象，提高了催化剂的反应效率。故流化床在许多有机反应中得到应用，如丙烯氨氧化制丙烯腈、丁烷或苯氧化制顺酐、二甲苯或萘氧化制苯酐等都有工业规模生产，在实验室用流化床研究催化剂和工艺条件对产品开发有重大作用。

釜式反应是化工反应工艺过程中较重要的单元操作，在化工生产中也是不可缺少的工艺过程。该釜式反应装置可用于液相、液－液相、液－固相、气液相下反应，其特点是适用性较大，操作弹性大，连续操作时温度、浓度容易控制，产品质量均一。釜内带有冷却盘管。可用于苯的硝化、氯乙烯聚合、加氢、缩合、酯化等反应。

【实验流程】

多功能反应装置由管式炉加热固定床、流化床催化反应器及釜式反应器组成，是有机化工、精细化工、石油化工等部门的主要实验设备，尤其在反应工程和催化工程及化工工艺、生化工程、环境保护专业中使用得相当广泛。该实验装置可进行加氢、脱氢、氧化、卤化、芳构化、烃化、歧化、氨化等各种催化反应的科研与教学工作。它能准确地测定和评价催化剂活性、寿命，找出最适宜的工艺条件，同时也能测取反应动力学和工业放大所需数据，是化工研究方面不可缺少的手段。

1. 固定床反应器

气固相催化反应固定床装置是管式反应器，加热炉采用三段加热控温方式，正常使用温度 300～500℃，最高工作温度 600℃，设定功率为 1500W，电压 220V。反应器内径是 15mm，316L 不锈钢材质，反应器的组装方式如图1所示。

2. 流化床反应器

气固相催化反应流化床是一种在反应器内由气流作用使催化剂细粒子上下翻滚做剧烈运动的床型。流化床为不锈钢制，床下部有陶瓷环填料做预热段，中下部为流化膨胀的催化剂浓相段，中上部为稀相段，反应器内径是 32mm，顶部为扩大段，内径 68mm。管式炉采用四段法对反应器温度进行控制，正常使用温度 300～500℃，最高工作温度 600℃，设定功率为 1800W，电压 220V。反应器的组装方式如图2所示。

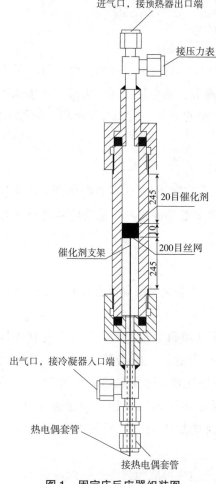

进气口，接预热器出口端

接压力表

20目催化剂

催化剂支架

200目丝网

出气口，接冷凝器入口端

热电偶套管

接热电偶套管

图1　固定床反应器组装图

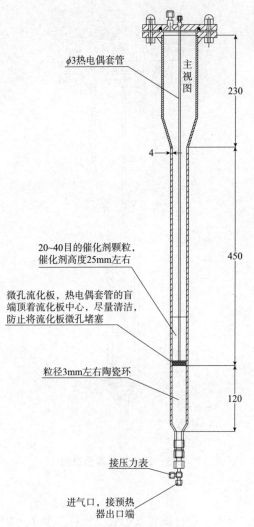

图2 流化床组装示意图

（1）催化剂制备与填装

催化剂的填装如图3所示，填装25mm高的20目催化剂。松开流化床反应器出、入气口接头，使反应器与预热器分离从炉内取出流化床反应器。卸下反应器的上盖，填装120mm高的 $\phi3$ 圆柱形陶瓷环（直径3mm圆柱形陶瓷环，约58mL），放入流化板（直径26mm，孔径 $60\sim70\mu m$ ，厚5mm， $\phi3$ 的固定孔朝上），将热电偶套管盲端顶到流化板中心固定孔处，填装25mm高的催化剂（20目催化剂，体积约20mL），再将法兰盖与反应器上紧螺栓，接好出、入口接头。

（2）气密性检验

关闭流化床出口阀，通入氮气至0.1MPa。关闭进口阀，观察压力表5min不下降为合格。否则要用毛刷涂肥皂水在各接点涂拭，找出漏点重新处理后再次试漏，直至合格为止。打开盲死的管路，可进行实验。

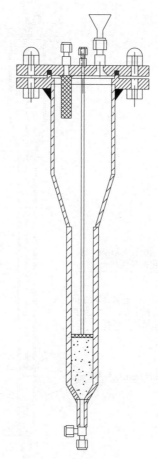

图3　催化剂填装示意图

3. 釜式反应器

反应釜设计压力 12.5MPa，设计温度 350℃，操作压力 6.0MPa，操作温度 300℃，搅拌转速 20~1500r/min，公称容积 1L；釜体、釜盖材质为不锈钢 S32168，釜内与物料接触部分如测温套管、搅拌轴浆、冷却盘管及取样管等均为 S32168，磁力密封、管口接头及阀门等材质均为不锈钢 S32168，保温外壳材质 S30408。

搅拌器为推进式搅拌器。釜盖上的接口包括进气口（插底管/三通/配阀 $DN3$）、出气口（$DN3$）、测压/防爆口、测温口、搅拌口、固料口（丝堵/$DN10$）、冷却水进出口等。

装置使用说明视频可扫图 4 所示的二维码获得。

整机流程设计合理，设备安装紧凑，操作方便，性能稳定，重现性好。本装置为三个反应器为切换操作，由反应系统和控制系统组成，装置工艺流程如图 5 所示。

图4　多功能反应实验装置
使用说明视频二维码

【实验试剂】

无水乙醇（分析纯）；氮气（钢瓶气）；氢气（钢瓶气）。

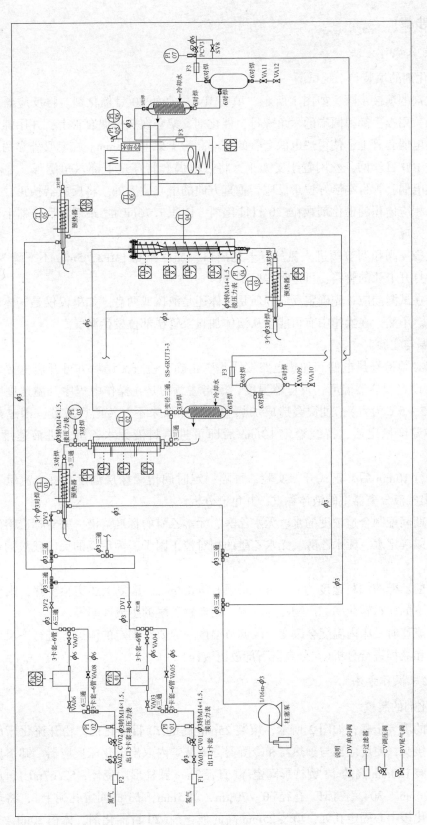

图 5　多功能反应实验装置流程图

【操作步骤】

1. 固定床操作方法

(1)催化剂的填装与系统试漏

①催化剂的填装步骤，如图 1 所示，填装 10mm 高的 20 目催化剂。将反应器从反应釜内取出来，用扳手卸掉两端的六角螺母，催化剂支架套在热电偶套管上，并用螺栓将支架固定在热电偶套管上，使得热电偶套管的盲端高于支架上沿 5mm。在套管外穿两层直径是 15mm 的 100 目丝网，丝网置于支架上。将热电偶套管穿过下部六角螺母，并将其拧紧，使得热电偶套管盲端恰好位于反应器垂直方向的中心位置处。将反应器扶正，从反应器上口加入相应体积的催化剂颗粒(20 目催化剂，体积 1.76mL)，最后将反应器上端六角螺母拧紧，完成。

②通过稳压阀和调节阀进入氮气，卡死出口，加压至 0.1MPa，5min 不下降为合格。试漏合格后打开卡死的管路，可进行实验操作。

注意：在试漏前应首先确定反应介质是气体还是液体或两者。如果仅仅是气体就要盲死液体进口。不然，在操作中有可能会从液体加料泵管线部位发生漏气。

(2)升温与实验

升温前必须检查热电偶和加热电路接线是否正确，检查无误后方可开启电源总开关和分开关，设定预热器温度，反应器温度，值得注意的是在操作中程序升温速度不宜过快(每分钟 3 ~ 5℃为宜)，过快会造成加热炉丝的热量来不及传给反应器，因过热而烧毁炉丝！待温度稳定后，持续稳定 10min 后即可进原料液无水乙醇，进液速度 0.4 ~ 1.0mL/min。

反应进行 10min 后，正式开始实验，每隔一定时间记录床层温度。每个流量下反应 30min，取出气液分离器中的液体称重，并色谱分析。

在实验期间配制合适浓度的水、无水乙醇、无水乙醚的标准溶液，并对标准溶液进行色谱分析，以确定水、无水乙醇、无水乙醚的相对校正因子，为后续的反应残液的定量分析做准备。

依次改变乙醇的加料速度为 0.8mL/min、1.0mL/min，重复上述实验步骤，则得到不同加料速度下的原料转化率、产物乙烯收率、副产物乙醚的生成速率等。

当改变流速时，床内温度会改变，故调节温度一定要在固定的流速下进行。反应中要定时取气样和液样进行分析(在分离器下部放出液样)。

2. 流化床操作方法

(1)催化剂的装填

催化剂的填装步骤，如图 2 所示，填装 25mm 高的 20 目催化剂。松开流化床反应器出、入气口接头，使反应器与预热器和冷凝器分离从炉内取出流化床反应器。卸下反应器的上盖，填装 120mm 高的 $\phi3$ 圆柱形陶瓷环(直径 3mm 圆柱形陶瓷环，57.67mL)，放入流化板(直径 26mm，304 不锈钢，孔径 60 ~ 70μm，厚 5mm，$\phi3$ 的固定孔朝上)，将热电偶盲端顶到流化板中心固定孔处，填装 25mm 高的催化剂(20 目催化剂，体积 20mL)，再将法兰盖与反应器上紧螺栓，接好出、入口接头。

（2）气密性检验

盲死冷凝气液分离器上出口，通入氮气至 0.1MPa。关闭进口阀，观察压力表 5 分钟不下降为合格。否则要用毛刷涂肥皂水在各接点涂拭，找出漏点重新处理后再次试漏，直至合格为止。打开盲死的管路，可进行实验。

注意：在试漏前首先确定反应介质是气体还是液体或两者。如果仅仅是气体就要盲死液体进口接口。不然，在操作中有可能会从液体加料泵管线部位发生漏气。

（3）升温与实验

升温前必须检查热电偶和加热电路接线是否正确，检查无误后方可开启电源总开关和分开关，设定预热器温度，反应器温度，值得注意的是在操作中程序升温速度不宜过快（每分钟 3～5℃为宜），过快会造成加热炉丝的热量来不及传给反应器，因过热而烧毁炉丝！反应加热炉是四段加热，每段温度给定并不相同，一般是下段和中段设定温度高些。当给定值和参数值都给定后控制效果不佳时，可将控温仪表参数再次进行自整定。同样当改变流速时，床内温度会改变，故调节温度一定要在固定的流速下进行。注意：当温度达到恒定值后要拉动测温热电偶，观察温度的轴向分布情况。此时，由于在流化状况下床层高度膨胀，在这个区域内的温差不大，超过这个区域则温度明显下降。以恒温区的长度可大致获得流化床的浓相段高度。如果测出温度数据在床的底部偏低，说明惰性填料的填装高度不够高，或预热温度不够高，提高预热温度或增加惰性物高度都能改善。最后将热电偶放至恒温区内。当达到所要求的反应温度时，可开动泵进液，同时观察床内温度变化。

待温度稳定后，持续稳定 10min 后即可进原料液无水乙醇，进液速度 0.4～1.0mL/min，氮气流速 500～800mL/min（可提前在冷模流化床内，当同等状况下，颗粒悬浮、跳动，视为达到临界流化速度，读取其压力和流量数值，此数值可作为后续热模实验的参考）。

反应进行 10min 后，正式开始实验，每隔一定时间记录床层温度，每个流量下反应 30min，取出气液分离器中的液体称重，并色谱分析。

在实验期间配制合适浓度的水、无水乙醇、无水乙醚的标准溶液，并对标准溶液进行色谱分析，以确定水、无水乙醇、无水乙醚的相对校正因子，为后续的反应残液的定量分析做准备。

依次改变乙醇的加料速度为 0.8mL/min、1.0mL/min，重复上述实验步骤，则得到不同加料速度下的原料转化率、产物乙烯收率、副产物乙醚的生成速率等。

当改变流速时，床内温度会改变，故调节温度一定要在固定的流速下进行。反应中要定时取气样和液样进行分析（在分离器下部放出液样）。

3. 釜式反应器操作

（1）安装与试压

卸下冷凝器和进口管路，用扳手小心将釜的紧固螺帽松开卸下来，将釜盖升打开，擦拭釜内，加入一定量液体后扭紧螺帽，拧紧过程中保证所有螺丝扭力相同，再将所有连接处拧紧后在进气口用氮气充气至 6MPa，关闭阀门，5min 内不下降为合格。如下降要用肥皂水涂拭各接口处查漏，直至不降为止可进行实验。

将各部分的控温、测温热电偶放入相应位置的孔内。检查操作台板面各电路接头，检查各接线端子与线上标记是否吻合。检查仪表柜内接线有无脱落，电源的相、零、地线位置是否正确。

（2）加料及实验

进行间歇反应时，要打开釜的加料口（加料口卸下接头将入口露出来），加入反应原料，根据实验条件加入反应器内。本实验可加入一定量的无水乙醇，以及50mL的50目左右的催化剂颗粒。

进行连续反应时，需提前装入釜内一定体积的惰性溶剂或者其中一种液体反应物，反应原料气可经过流量计计量，反应原料液经过计量泵计量后，进入预热器，最后经釜的进气口进入釜内，从插底口流出发生反应，加热产生的蒸汽经冷凝器冷凝，气液相在气液分离器内发生分离，尾气经背压阀背压后排出。

（3）控制

开机前先接通搅拌冷却水，运行过程及温度较高的情况下冷却水要保证一直开通，防止内转子高温退磁，磁力耦合传动器应使用单独的冷却水系统，严禁冷却水经过釜内冷却盘管循环后进入磁力耦合传动水套内。

开启釜总开关。调节电机的转速以及釜的加热温度，并给冷凝器通冷却水。

（4）停止操作

停止操作时，关闭釜加热开关，需冷却时要通冷却水可急速降温。由于釜保温较好，釜降温较慢。

【催化剂的活性参数以及活化再生】

表1　催化剂的活性参数

催化剂种类	最佳乙烯收率温度	预热器温度	乙醇进液量
ZSM-5分子筛	200~300℃	120~150℃	0.4~1.0mL/min
活性氧化铝	350~370℃	120~150℃	0.4~1.0mL/min

催化剂的再生活化方法：

分子筛作为乙醇脱水催化剂一般使用寿命很长，能超过半年，多由于操作不当或其他原因造成催化剂失活，需要再生，再生方案如下。

用氮气流量控制在100mL/min，空气流量控制在100mL/min以下，让床升温，温度控制在室温到400℃逐渐升高，最后达到500℃停留2h，总时长5h，降温后待用。

附录一 单位换算表

1. 容积流量单位换算表

容积流量单位	L/s	L/min	m³/h	m³/min	m³/s	gal(UK)/min	gal(US)/min	ft³/h	ft³/min	ft³/s
1L/s	1	60	3.6	0.06	0.001	13.1982	15.8502	127.134	2.1189	0.03531
1L/min	0.01667	1	0.06	0.001	16.6667×10^{-6}	0.21997	0.26417	2.11888	0.03531	0.00059
1m³/h	0.27778	16.66667	1	0.01667	0.27778×10^{-3}	3.66615	4.40287	35.31467	0.58858	0.00981
1m³/min	16.66667	1000	60	1	0.01667	219.969	264.172	2118.88	35.31467	0.58858
1m³/s	1000	60×10^{3}	3600	60	1	13198.14	15850.32	127132.8	2118.88	35.31467
1gal(UK)/min	0.07577	4.5461	0.27277	4.5461×10^{-3}	75.7683×10^{-6}	1	1.20095	9.6324	0.16054	2.67567×10^{-3}
1gal(US)/min	0.06309	3.7854	0.22712	3.7854×10^{-3}	63.09×10^{-6}	0.83267	1	8.0208	0.13368	2.228×10^{-3}
1ft³/h	0.00787	0.472	0.02832	0.00047	7.83×10^{-6}	0.1038	0.12467	1	0.01667	0.27783×10^{-3}
1ft³/min	0.47195	28.3168	1.69901	0.02832	0.47195×10^{-3}	6.22883	7.48052	60	1	0.01667
1ft³/s	28.317	1699.02	101.9412	1.69902	28.317×10^{-3}	373.698	448.8312	3600	60	1
表注	升/秒	升/分	米³/时	米³/分	米³/秒	英加仑/分	美加仑/分	英尺³/时	英尺³/分	英尺³/秒

2. 压强单位换算表

压强单位	MPa	bar	kgf/cm²	atm	mmH₂O	mmHg	lbf/in²(psi)	备注
1MPa	1	10	10.1972	9.8692	101.91×10^3	7.5006×10^3	145.04	
1bar	0.1	1	1.01972	0.98692	10.197×10^3	750.06	14.504	
1kgf/cm²	0.098067	0.98067	1	0.96784	10×10^3	735.56	14.223	
1atm	0.10133	1.0133	1.0332	1	10332	760	14.696	
1mmH₂O	9.8067×10^{-6}	98.067×10^{-6}	0.1×10^{-3}	96.784×10^{-6}	1	73.556×10^{-3}	1.4223×10^{-3}	
1mmHg	0.13332×10^{-3}	1.3332×10^{-3}	1.3595×10^{-3}	1/760	13.595	1	19.337×10^{-3}	
1lbf/in²(psi)	6.8948×10^{-3}	68.948×10^{-3}	70.307×10^{-3}	68.046×10^{-3}	703.07	51.715	1	
备注	兆帕	巴	千克力/厘米²	标准大气压	毫米水柱	毫米汞柱	磅力/英寸²	1kgf/cm²=1kp/cm² =1atm =1工程大气压 1mmHg=1Torr =1托 1Pa=1N/m²

3. 功率单位换算表

功率单位	kW	kgf·m/s	PS	hp	备注
1kW	1	101.972	1.35962	1.34102	
1kgf·m/s	9.8067×10^{-3}	1	1/75=0.01333	0.01315	
1PS	0.7355	75	1	0.98632	
1hp	0.7457	76.040	1.0139	1	
备注	千瓦	千克力·米/秒	米制马力	英制马力	1W=1J/s=1N·m/s　1kcal/h=1.163W　1kW=859.845kcal/h 1Btu/h=0.29307W　1W=3.412Btu/h　1hp=550ft·lbf/s 1瓦(耳)/秒=1焦(耳)/秒=1牛(顿)·米/秒　1千卡/时=1.163瓦 1千瓦=859.845千卡/时　1英热单位/时=0.29307瓦 1瓦=3.412英热单位/时　1英制马力=550英尺·磅力/秒 1冷吨=3024千卡/小时=3.5169千瓦

4. 力单位换算表

力单位	N	kgf	lbf	kN	tf	
1N	1	0.1019716	0.224809	1×10^{-3}	0.102×10^{-3}	
1kgf	9.80665	1	2.20462	0.0098	1×10^{-3}	$1kgf = 1kp(kilopound)$
1lbf	4.44822	0.453592	1	0.00445	0.454×10^{-3}	$1N = 10^5 dyn$
1kN	1000	101.9716	224.809	1	0.10197	$= 10^5$ 达因
1tf	9806.65	1000	2204.62	9.80665	1	
表注	牛(顿)	千克力	磅力	千牛(顿)	吨力	

5. 力矩单位换算表

力矩单位	N·m	kgf·m
1N·m	1	0.101972
1kgf·m	9.80665	1
表注	牛(顿)·米	千克力·米

6. 温度单位换算表

温度单位	$t(℉) = [t(℃) \times 9/5] + 32$	
	$t(℃) = [t(℉) - 32] \times 5/9$	℉——华氏度
	$T(K) = 273.16 + t(℃)$	℃——摄氏度
	温度差：$\Delta t(℉) = \Delta t(℃) \times 9/5$	K——开尔文(热力学温度单位)
	$\Delta t(℃) = \Delta t(℉) \times 5/9$	℃——摄氏度

7. 速率单位换算表

速率单位	m/s	m/min	ft/min	ft/s
1m/s	1	60	196.85	3.281
1m/min	0.0167	1	3.281	0.0547
1ft/min	0.0051	0.3048	1	0.0167
1ft/s	0.3048	18.288	60	1
表注	米/秒	米/分	英尺/分	英尺/秒

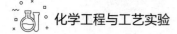

8. 体积单位换算表

体积单位	m³	cm³	dm³=L	in³	ft³	yd³	fl.oz.(UK)	fl.oz.(US)	gal(UK)	gal(US)
1m³	1	1×10^6	1×10^3	61023.7	35.31467	1.30795	35.195×10^3	33.184×10^3	219.969	264.172
1cm³	1×10^{-6}	1	0.001	0.06102	35.31×10^{-6}	1.31×10^{-6}	0.0352	0.03381	0.00022	0.00026
1dm³	1×10^{-3}	1000	1	61.0237	0.03531	0.00131	35.1952	33.8138	0.21997	0.26417
1in³	16.3871×10^{-6}	16.3871	0.01639	1	0.00058	21.43×10^{-6}	0.57675	0.55411	0.0038	0.00433
1ft³	28.3168×10^{-3}	28316.8	28.3168	1728	1	0.03704	996.614	957.499	6.22883	7.48052
1yd³	0.76455	764555	764.555	46656	27	1	26908.5	25852.4	168.178	201.972
1fl.oz.(UK)	28.413×10^{-6}	28.413	0.0284	1.73388	0.001	0.0004	1	0.96075	0.00625	0.00751
1fl.oz.(US)	29.5735×10^{-6}	29.5735	0.0296	1.8047	0.00104	0.00004	1.04085	1	0.00651	0.00781
1gal(UK)	4.5461×10^{-3}	4546.09	4.54609	277.42	0.16054	0.00595	160	153.721	1	1.20095
1gal(US)	3.7854×10^{-3}	3785.41	3.78531	231	0.13368	0.00495	133.233	128	0.83267	1
表注	米³	厘米³	分米³=升	英寸³	英尺³	码³	英盎司(液)	美盎司(液)	英加仑	美加仑

9. 面积单位换算表

面积单位	cm²	m²	km²	in²	ft²	yd²
1cm²	1	0.0001	0.1×10^{-9}	0.155	0.00108	0.00012
1m²	10000	1	1×10^{-6}	1550	10.7639	1.19599
1km²	10×10^9	1×10^6	1	1.55×10^9	10.7639×10^6	1.196×10^6
1in²	6.4516	0.645×10^{-3}	0.645×10^{-9}	1	0.00694	0.00077
1ft²	929.03	0.0929	92.9×10^{-9}	144	1	0.11111
1yd²	8361.27	0.83613	0.836×10^{-6}	1296	9	1
表注	厘米²	米²	千米²	英寸²	英尺²	码²

10. 质量单位换算表

质量单位	g	kg	t	oz	lb	US ton	UK ton
1g	1	0.001	1×10^{-6}	0.03527	0.0022	1.102×10^{-6}	0.984×10^{-6}
1kg	1000	1	0.001	35.274	2.20462	0.0011	0.00098
1t	1×10^{6}	1000	1	35274	2204.62	1.10231	0.9842
1oz	28.3495	0.02835	28.35×10^{-6}	1	0.0625	31.25×10^{-6}	0.00003
1lb	453.592	0.45359	0.00045	16	1	0.0005	0.00045
1 US ton	907185	907.185	0.90719	32000	2000	1	0.89286
1 UK ton	1.016×10^{6}	1016.05	1.01605	35840	2240	1.12	1
表注	克	千克	吨	盎司(英两)	磅	美吨(短吨)	英吨(长吨)

11. 长度单位换算表

长度单位	mm	cm	m	km	in	ft	yd
1mm	1	0.1	0.001	1×10^{-6}	0.03937	0.00328	0.00109
1cm	10	1	0.01	10×10^{-6}	0.3937	0.03281	0.01094
1m	1000	100	1	0.001	39.37	3.28084	1.09361
1km	1×10^{6}	100×10^{3}	1000	1	39370	3280.84	1093.61
1in	25.4	2.54	0.0254	25.4×10^{-6}	1	0.08333	0.0277778
1ft	304.8	30.48	0.3048	304.8×10^{-6}	12	1	0.33333
1yd	914.4	91.44	0.9144	914.4×10^{-6}	36	3	1
表注	毫米	厘米	米	千米	英寸	英尺	码

附录二　常用液体密度表

名称	密度 $\rho/(10^3\,\mathrm{kg/m^3})$	名称	密度 $\rho/(10^3\,\mathrm{kg/m^3})$
汽油	0.70	氨水	0.93
乙醚	0.71	海水	1.03
石油	0.76	醋酸	1.049
乙醇	0.79	盐酸(40%)	1.20
煤油	0.80	无水甘油(0℃)	1.26
松节油	0.855	二硫化碳(0℃)	1.29
苯	0.88	硫酸(87%)	1.80
矿物油(润滑油)	0.9~0.93	水银	13.6

注：未注明者为常温下。

附录三 水的物理性质

温度 t/℃	饱和蒸汽压 p/kPa	密度 ρ/(kg/m³)	焓 H/(kJ/kg)	比定压热容 c_p/[kJ/(kg·K)]	导热系数 λ/[10⁻²W/(m·K)]	黏度 μ/(10⁻⁵Pa·s)	体积膨胀系数 α/10⁻⁴K⁻¹	表面张力 σ/(10⁻³N/m)	普兰德数 Pr
0	0.6082	999.9	0	4.212	55.13	179.21	0.63	75.6	13.66
10	1.2262	999.7	42.04	4.197	57.45	130.77	0.70	74.1	9.52
20	2.3346	998.2	83.90	4.183	59.89	100.50	1.82	72.6	7.01
30	4.2474	995.7	125.69	4.174	61.76	80.07	3.21	71.2	5.42
40	7.3766	992.2	165.71	4.174	63.38	65.60	3.87	69.6	4.32
50	12.31	988.1	209.30	4.174	64.78	54.94	4.49	67.7	3.54
60	19.932	983.2	251.12	4.178	65.94	46.88	5.11	66.2	2.98
70	31.164	977.8	292.99	4.178	66.76	40.61	5.70	64.3	2.54
80	47.379	971.8	334.94	4.195	67.45	35.65	6.32	62.6	2.22
90	70.136	965.3	376.98	4.208	67.98	31.65	6.95	60.7	1.96
100	101.33	958.4	419.10	4.220	68.04	28.38	7.52	58.8	1.76
110	143.31	951.0	461.34	4.238	68.27	25.89	8.08	56.9	1.61
120	198.64	943.1	503.67	4.250	68.50	23.73	8.64	54.8	1.47
130	270.25	934.8	546.38	4.266	68.50	21.77	9.17	52.8	1.36
140	361.47	926.1	589.08	4.287	68.27	20.10	9.72	50.7	1.26
150	476.24	917.0	632.20	4.312	68.38	18.63	10.3	48.6	1.18
160	618.28	907.4	675.33	4.346	68.27	17.36	10.7	46.6	1.11

续表

温度 t/℃	饱和蒸汽压 p/kPa	密度 ρ/(kg/m³)	焓 H/(kJ/kg)	比定压热容 c_p/[kJ/(kg·K)]	导热系数 λ/[10^{-2}W/(m·K)]	黏度 μ/(10^{-5}Pa·s)	体积膨胀系数 α/10^{-4}K^{-1}	表面张力 σ/(10^{-3}N/m)	普兰德数 Pr
170	792.59	897.3	719.29	4.379	67.92	16.28	11.3	45.3	1.05
180	1003.5	886.9	763.25	4.417	67.45	15.30	11.9	42.3	1.00
190	1255.6	876.0	807.63	4.460	66.99	14.42	12.6	40.8	0.96
200	1554.77	863.0	852.43	4.505	66.29	13.63	13.3	38.4	0.93
210	1917.72	852.8	897.65	4.555	65.48	13.04	14.1	36.1	0.91
220	2320.88	840.3	943.70	4.614	64.55	12.46	14.8	33.8	0.89
230	2798.59	827.3	990.18	4.681	63.73	11.97	15.9	31.6	0.88
240	3347.91	813.6	1037.49	4.756	62.80	11.47	16.8	29.1	0.87
250	3977.67	799.0	1085.64	4.844	61.76	10.98	18.1	26.7	0.86
260	4693.75	784.0	1135.04	4.949	60.84	10.59	19.7	24.2	0.87
270	5503.99	767.9	1185.28	5.070	59.96	10.20	21.6	21.9	0.88
280	6417.24	750.7	1236.28	5.229	57.45	9.81	23.7	19.5	0.89
290	7443.29	732.3	1289.95	5.485	55.82	9.42	26.2	17.2	0.93
300	8592.94	712.5	1344.80	5.736	53.96	9.12	29.2	14.7	0.97
310	9877.96	691.1	1402.16	6.071	52.34	8.83	32.9	12.3	1.02
320	11300.3	667.1	1462.03	6.573	50.59	8.53	38.2	10.0	1.11
330	12879.6	640.2	1526.19	7.243	48.73	8.14	43.3	7.82	1.22
340	14615.9	610.1	1594.75	8.164	45.71	7.75	53.4	5.78	1.38
350	16538.5	574.4	1671.37	9.504	43.03	7.26	66.8	3.89	1.60
360	18667.1	528.0	1761.39	13.984	39.54	6.67	109	2.06	2.36
370	21040.9	450.5	1892.43	40.319	33.73	5.69	264	0.48	6.80